51种精选面包
700个必学诀窍

经典面包制作大全

（修订本）

详尽的步骤图解，高手升级，新手零失败！

［日］坂本利佳　著

书锦缘　译

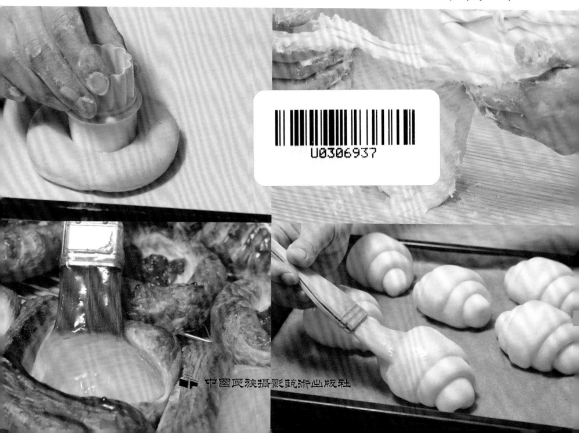

U0306937

中国民族摄影艺术出版社

前　言

　　烘焙面包与制作料理不同，在实际操作的过程中，会出现很多意想不到的问题。如果是尝试一种完全没有做过的东西，由于缺乏经验，自然就很难做出准确的判断。而在制作面包时，又必须随时依据面团的状态来做出适当的处理，才能够做出美味的面包。因此，在策划本书的初期，笔者即确定了编写的要点：除了要罗列数据，还应该刊载大量的图片，以补充数字所难以完整传达的细节。所以，本书除了标明制作面包时的时间、温度之外，还收集了大量的图片，让读者能够更清楚地分辨制作过程中的各种不同状态。

　　此外，书中所使用的并非专业烤箱，而是一般家庭中常用的

微波烤箱或瓦斯烤箱。图片中所拍摄的面包，也全部是用这类烤箱烤焙而成的。

　　微波烤箱的实际温度很容易降得比显示的温度要低，且不容易升到高温。因此，如果是要烤焙脆硬的面包，就必须多下点功夫。比如，可以运用诸如先预热烤盘等变通方法就能顺利完成。另外，从本书的食谱设计就可看出，我们并不提倡使用大量的酵母来缩短制作时间，反而要尽量减少酵母的用量，好让面团自然发酵，以做出质地湿润、可以达到一定保存期限的面包。

　　最后，衷心地希望各位能够参考本书的内容，尝试着制作出美味的面包，并能充分享受其中的乐趣！

坂本利佳

目　录

Contents

第四章
调理面包与三明治面包

Contents

第七章

圣诞面包

阅读说明

· 制作的难易程度以★号来表示。★代表初级，★★代表中级，★★★代表高级。

· 粉类无特定使用的种类。若有建议使用的种类，则会标记在（ ）内。

· 黄油若无特别标示，就是使用无盐黄油。

· 本书中，原则上使用的是新鲜酵母，但也可使用速溶干酵母。使用后者时，请参考做法中（ ）内的分量。做法中未标注的，就表示这是建议各位使用新鲜酵母来制作的面包。

· 各做法中所记载的有关面包的数据或所需时间，仅供参考。制作时，请依季节或室温等实际情况，做适度的调整。

· 手粉或用来涂抹在容器、模型上的油脂类，皆未列入材料表的分量之内。

· 烤箱的性能会依使用机种的不同而有所差异。所以，请配合做法中的烤焙所需时间，再依实际使用烤箱的性能，适度地调节温度。

· 由于本书中介绍的天然酵母面包使用的是100％天然发酵种所培养而成的天然酵母，所以在揉和面团时，会加入少量的新鲜酵母，以助于稳定发酵。不过，面包的风味并不会因此而受到太大的影响。

第一章
制作面包的基本要素

制作面包所需的材料

制作面包时所使用的材料，出乎意料地简单，主要就是粉类、酵母菌、水、食盐等，基本上都是容易买到的材料。接下来，就让我来为您介绍这些材料吧！

① 酵母

有新鲜酵母、干酵母、速溶干酵母3种。其中，最容易买到的是速溶干酵母，而干酵母在使用时需要先经过预备发酵。新鲜酵母可以在糕点材料店买到。

③ 牛奶

牛奶里所含的乳糖，既可以凸显面包的风味，还可以让面包烘烤成漂亮的颜色。

② 水

可以用自来水制作面包，但是要注意是否需要调整水温。

5 低筋面粉

蛋白质的含量比高筋面粉低。用来制作面包时，需与高筋面粉混合使用。常用来制作奶油馅料等。

4 高筋面粉

蛋白质含量高，是制作面包时不可或缺的食材。由于高筋面粉的种类繁多，所以，有时制作不同种类的面包，会使用不同的高筋面粉。

6 砂糖

主要使用的是绵白糖与细砂糖。可以作为酵母的催化剂，使发酵变得更容易。此外，还可以让面包烤焙得更香，质地更柔软。

7 脱脂奶粉

由于保存期限长，可以轻易地加入粉类里混合，所以，脱脂奶粉的使用率比牛奶还高。

8 蛋

加入面团，可以增添风味，让口感变得更佳。烤焙前，也可涂抹在表面，用来上光。

9 黄油

不仅可以增添风味，还可以增强面团的延展性，让面包变得更有质感。同时，也是制作可颂面包等折叠团时不可或缺的材料。

10 食盐

除了可以凸显面包的美味之外，还具有使面筋（英Gluten）的网状结构更坚实，面团更有韧性的功用。

11 起酥油（Shortening）

无臭无味，可以将面包烤焙得质地膨松，而不带有任何特殊的味。有时也用来涂抹在烤模或容器中，以防止面团沾黏。

制作面包的常用器具

　　制作面包时，有些器具必须备齐，以利操作。除了这些必备的器具之外，其他用具也可以使用厨房内现成的器具来代替喔！

❶ 磅秤

建议使用以克（g）为单位，可以测量500～1000g的数位式电子磅秤。如果测量时可以设定扣除容器重量的功能，用起来就更方便了。

❷ 刮板

直线的部分，是用来切割面团和材料用的。弧形的部分，是用来刮取粘在搅拌盆或工作台上的面屑的。

❸ 切面刀

用来切割面团，或在面团表面划上切口时用。有不绣钢与软铁两种材质的制品。

❹ 搅拌器

将新鲜酵母放进水中溶解时，或混合材料时用。握柄坚固的比较好用。

❺ 毛刷

预备一支质地柔软的毛刷，烤焙前就可以用来涂抹蛋液，非常方便。

❻ 温度计

测量最适合酵母菌繁殖的温度时会用到。可以测量到50℃的温度计，就够用了。

❼ 擀面棍

将面皮擀薄时用。使用长度为30cm左右的就可以了。有木质与硬塑胶质两种材质。

❽ 搅拌盆

是让面团发酵，或混合材料时不可缺少的器具。准备一大一小两个搅拌盆，用起来会很方便。

可使制作更加便利的器具

皮力欧许模

面团整形时用。另外还有被称之为"慕思宁（法Mousseline）"的圆筒形模形，也很实用。

毛刷（硬毛）

硬毛的毛刷，适合用来涂抹杏果酱或风冻（Fondant，又称翻糖）。

吐司模

有1斤、1.5斤、3斤等不同尺寸的模具（1斤约为350~400g）。建议选购山形或方形的，附盖子的吐司模。

割纹刀

用来在面团表面割划纹路的专用器具。如果没有，也可以用干净的美工刀来代替。

发酵布

制作硬式面包，在面团最后发酵静置时使用。如果没有这样的专用布，也可以用质地较厚的布，或用一般制作糕点时常用的布来代替。

切割模

在本书中，制作英式玛芬与司康时会用到。准备直径较大与较小两种不同尺寸的，用起来就很方便了。

面包刀（锯齿状）

面包烤好后切片用。刀刃呈锯齿状的比较好切。

橡皮刮刀

混合卡士达或巧克力、奶油等，或刮取粘在搅拌盆里的材料，以避免浪费时使用的器具。

擀面台

使用擀面棍时专用的工作台，也是一种非常便利的制作面包的工作台。建议选购质地较厚、较重的。

喷雾器

主要在制作硬式面包时，为了烤焙得香脆，需用水喷湿时用。

发酵藤模

最后发酵时使用的藤质篮子。在制作法国乡村面包（Pain de campagne）或布洛特（Brot）类面包时用。

13

即使是初学者，也不用担心喔！

制作面包的基础知识

在家中自制面包，总让人觉得是件难事。其实只要熟记面包制作的"基本流程"，那么制作所有的面包都会所向无敌喔！制作面包的要点就是要让面团延展，再膨胀，重复这样的作业就对了。接下来，就请您好好地学习面包的制作流程，从现在就开始挑战面包的制作工艺吧！

1 准备与计量

参照第16页

制作面包时，按照材料表上的指示，准确无误地测量材料的分量是最基本的诀窍。切实地做好这一点，是迈向成功的第一步！

2 揉和与摔打

参照第18页

揉和面团，是能否做出膨松柔软的面包的基础作业。重点就在于要让面包的面筋（英Gluten）结构变得坚实，面团够膨胀，才能做出松软的面包。

3 发酵

参照第22页

制作面包时，是借酵母菌来分解面团里的糖分，产生二氧化碳来达到膨胀的效果。发酵时，将环境维持在酵母菌容易繁殖的状态，是非常重要的。

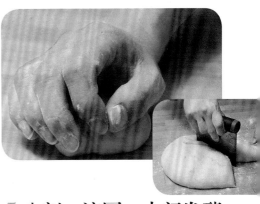

5 分割、滚圆、中间发酵

参照第26页

分割面团后，滚圆，让表面挺立，再经过中间发酵，让面团松弛，是做出柔软又有弹性的面包所必经的过程。

4 压平排气

参照第24页

制作面包时的"压平排气"，就是指压出积在面团内的二氧化碳，让面团里能够形成漂亮的孔洞。借此，也可以充分感受酵母菌在面团里的繁殖活力。

6 塑形

参照第28页

将面团塑造成最后的形状，就称为"塑形"。虽然面包的种类繁多，无论要塑造成什么样的形状，"温柔而仔细"是处理面团时的共通原则。

8 烤焙

参照第32页

制作面包的最后一道程序，就是烤焙。在烤焙上最需要注意的事项就是，要充分掌握自己家中烤箱的机能与特性。烤焙时，要随时观察状况，做适度的调整，让烤好的面包更为完美。

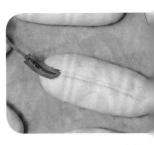

7 最后发酵

参照第30页

面包在烤焙前，再次发酵，就是为了要让面团能够充分膨胀。最后发酵时，要用较长的时间最大限度地让面团内产生足够多的二氧化碳。

1

一定要切实地量好制作面团的材料的分量喔!

准备与计量

面包制作的第一步，就是准备材料，并计量好分量。虽然是个看似没什么大不了的步骤，可是是否执行，却会在面包出炉后就能分辨出其中的差异! 所以，请想象面包出炉后的样子，并谨记在心。让我们从这个步骤开始，跨出您成功的第一步吧!

黄油、蛋、牛奶等材料，在约1个小时前，就要从冰箱里取出，放置室温下备用!

选好制作面包所需的场所要有足够的空间，并准确无误地计量材料。

制作面包前，要先准备好必要的材料与制作的器具。揉和面团所需的工作台，可以使用桌子或利用厨房内的剩余空间。不过，要摔打或推压面团时，就得避免在不稳固的地方进行。然后，就是准备与计量材料。一定要使用磅秤，按照材料表里的分量来测量。

再者，就是要调节材料的温度。由于酵母菌在30℃～40℃的温度下最容易繁殖，所以，请预先将水加热到约35℃，备用。蛋、黄油、牛奶等材料，也要在开始制作面包前约1个小时，就从冰箱里取出，以恢复成室温。

至此，制作面包的准备工作才能算是大致完成了!

开始准备!

先用湿布将要当做工作台使用的桌子或调理台擦拭干净备用。

在搅拌盆内混合材料

材料在量好分量后，放进搅拌盆里，混合到没有多余水分为止。制作不同种类的面包时，材料放进去混合的先后顺序不同，详细内容，请参照本书中各种面包的做法。

一开始混合时，由于比较容易粘在手上，所以，要先用指尖来混合，等到看不到粉末后，再继续在搅拌盆里翻动混合。混合到可以用手拿起的程度时，就移到工作台上，开始揉和。

材料的称重

计量材料制作面包时，为了能够正确地量好材料的分量，一定要使用磅秤来测量所有的材料。建议您尽量使用可以测量到克（g）单位的数位式磅秤。不过，像酒等分量较少的材料，也可以使用量勺来计量。

计量，是以重量的单位来进行的。

铁　棉花

制作面包时，材料的计量，绝对不会用到容积的算法。容积是指体积的大小，重量则是测物体的重量。所以，100克（g）的面粉和100毫升（ml）的面粉，其实是不同的重量。不过，水是个特例，因为1ml＝1g，所以也可用容积来计量。

专栏

制作面包与温度的关系

好烫呀!

酵母的繁殖力，主要是取决于温度与湿度

一般而言，最适合酵母繁殖的温度，就是30℃~40℃。但是，在酷暑或寒冬时节，即使是依照做法上指示的温度、湿度来发酵，也未必就可以进行得很顺利。此时，必须依据制作当天的气温来判断，适度地调节用来溶解酵母的水温或室温等。不过，对于初学者而言，要做这样的判断其实是很困难的。所以，建议您夏天就用常温的水，冬天就用约35℃的温水。不过，必须特别留意的是，酵母菌在45℃以上及4℃以下的环境中，活力可是会大大地降低喔!

2

制作面包的关键步骤
揉和与摔打

所谓的"揉和面团"，并不只是将材料混合到相同的硬度那么简单。还有一个重要的原则，是借此来强化面团中面筋（英Gluten）的网状结构，让面团更具弹性。尤其是混合了大量辅料的面团，更需要耐心地揉和喔！

虽然这是一个会让人汗流浃背的过程，但还是要努力坚持下去喔！

揉和面团主要有两个目的。第一，就是让面团的硬度变得一致。第二，就是要强化面团中面筋的网状结构，让烤焙好的面包柔软而有弹性。揉和面团的方法很多。而本书中所介绍的方法，是首先在搅拌盆内用手混合，整合到一定程度后，再放到工作台上，以推压的方式，让整体的硬度变得相同。然后，再整合成团，进行揉和。建议您以上述的两种动作组合，来完成揉和面团的作业。详细的揉和方法，请参照第20～21页。

用手来揉和时，在约15分钟之内，必须重复揉和200～300次同样的动作。如果面团内含有大量的油脂类或牛奶等材料，就更需要好好地揉和了。在此需特别注意的是，不要因为担心会黏手，就撒上手粉等材料。如果事先有正确地计量过，在揉和的过程中，粉类应该会逐渐混合才对。如果一直都还是很黏手的状态，就表示是揉和不足的关系。所以，即使是很辛苦，还是要有耐心，继续努力，坚持到底喔！

如果想要早点揉和好，可以使用专用的搅拌机。

麻烦的揉和作业，可以交给专用机器来解决喔！

如果您想要尽量地缩短揉和的时间，或是面团的量太多了，担心无法全部揉和好，不如尝试使用专用搅拌机。目前市面上有售各式各样的家庭用的专用搅拌机。使用时，只要将材料放入，再按下按钮，麻烦的揉和过程就可以交给机器来代劳了，非常方便。不过，在制作不同种类的面包时，需要改变机器的设定。在完成机器揉和后，有时还需配合手工揉和。

图片中为最近越来越常见的面包机。有了这样的机器，制作吐司时，只要将材料放进去，就可以烤焙完成。如果是其他的卷类（Roll）面包，就需要自己来整形了。

图片中为可以进行揉和面团作业的面包揉面机。使用这样的机器，就可以很扎实地将面团揉好。而且，除了揉和面团之外，还可以用来制作麻薯和奶油。

什么是面筋的网状结构呢？

面筋的网状结构具有连结面团组织的功能

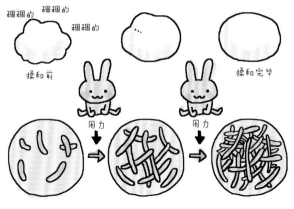

粉类在经过揉和后会产生黏性，就是因为面团里形成了可以将组织连结在一起的面筋的网状结构。如果这个网状结构很密实，在面团发酵的时候，就可以锁住酵母所产生的二氧化碳，而做出柔软的面包。

不过，这个网状结构的强度要求，会依制作面包的种类的不同而有所不同。如果是像制作法式面包这种硬式面包的面团，最好不要让面筋的网状结构太过坚实，这样做好的面包才会美味。

如何检查面筋的网状结构？

等揉和到面团的表面开始变得光滑后，就用切面刀或刮板等器具切下一小块。

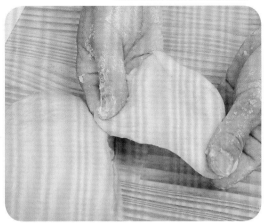

将面团交互地往纵向与横向一点点地拉开，就可以看到面团里有网般的膜支撑着。这就是面筋的网状结构。制作不同种类的面包时，所需的面筋网状结构强度或厚度也各不相同，细节请参照各种面包的做法说明。

范例

黄油卷的最佳网状结构就是要像这样！

错误

如果是黄油卷（Butter Roll）这种软式面包的面团，就要让面筋的网状结构发展得很密实。最佳的状态，就是要揉和到如图中般透明，薄薄的网状结构清晰可见。
面团被撑开时会断裂，或网状结构紊乱不紧密，就表示揉和得还不够。

如果是硬式面包……

法式面包或黑麦面包等硬式面包，主要是用粉类、水、酵母所制成的成分单纯的面包。由于烤焙好时的口感最好是外侧酥脆而内侧松软，所以，不宜让面筋的网状结构变得太坚实。

用手揉和时的重点

若是卷类面包、哈密瓜面包等软质面团的话

在中途加入油脂类时

软式面包在揉和的过程中，常会加入油脂类。加入时，要将油脂类放在面团的中心，从四面包裹起来后，再在工作台上边推压边混合。

1 在搅拌盆内混合材料，到大约可以整合成形的程度时取出，放到工作台上。取出时，要先用手指从两端插入，再举起来。

2 将手没有碰到的下端部分摔打在工作台上。刚开始揉和时，还很黏手会很难抓得住。在继续揉和的过程中会逐渐变得容易整合成团。在整个过程中，不要使用手粉喔！

3 将手拿着的那部分覆盖在摔打过的那部分上面。这就是基本的揉和流程。然后，将面团的方向转90°，重复1~3的步骤。如果是制作软式面包，要将面团揉和到可以整合起来的程度，至少需要15分钟的时间。

如果继续揉和，面筋的网状结构状态就会改变。

20分钟后

30分钟后

检查面筋的网状结构时，如果发现可以看到网状结构，但拉开成薄薄的一层时却会断裂，这就表示还没揉和好。

将面团拉开成薄薄的一层后，就可以清楚地看到柔滑细致的面筋网状结构了。

1 先将面团对折起来。如果是硬式面包，在搅拌盆里混合时，就会比较容易整合成团。

若是法式面包佛卡夏（Focaccia）等硬质面团的话

面团的折起部分会逐渐地移到下面去

刚开始时，折起的面团的边缘是朝下的，但是在揉和的过程中，就会逐渐移动成朝上，这就是最好的揉和方式。不过，在揉和时，力道不要大到连折起的面团边缘都无法辨识的程度。

由于硬式面包并不像软式面包一样会加入大量的油脂类，所以，刚开始揉和时，面团比较容易碎裂。所以不要太用力地推压。在持续揉和的过程中，面粉就会渐渐地整合成团了。切记，从头到尾都要温柔而有耐心地揉和喔！

错误

推压时不是光靠力气就可以喔！

如果揉和的时候太用力，面团就会粘在工作台上，很难顺利地进行。所以，揉和的诀窍就在于要滑动般地推压过去才行。

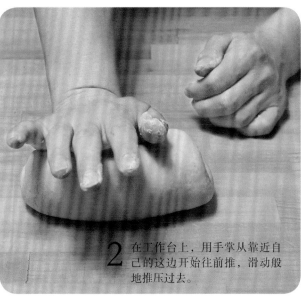

2 在工作台上，用手掌从靠近自己的这边开始往前推，滑动般地推压过去。

3 在工作台上推压时，要让面团折叠的边缘像图片中一样，滑动到朝上为止。然后，将面团的方向转90°，再用同样的方式来揉和。

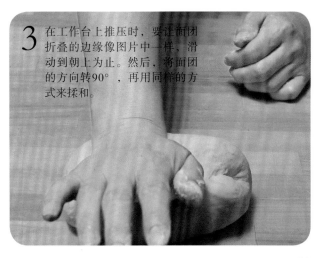

3

让面团膨胀的重大工程
发酵

面团之所以能够膨胀起来，是因为里面的糖分被酵母菌分解后，所产生的二氧化碳所致。所以在发酵时，营造出一个让酵母菌容易繁殖的环境，是很重要的。要达到这样的目的，就必须掌控温度与湿度这两个条件。

将面团放置在湿润而且温暖的地方

所谓"发酵"，指酵母菌在繁殖时所产生的二氧化碳进入面筋的网状结构里，使面团膨胀起来的过程。发酵时，必须让环境维持在适合酵母菌繁殖的温度与湿度下。原则上讲，温度在30℃~40℃，湿度约在80%，是最为理想的环境。维持这样的温度与湿度，是发酵时的一大重点。

发酵时，要先将面团塑成圆形，让面团容易膨胀起来。然后，放进尺寸比面团大一圈，已在内侧涂抹上起酥油等油脂类的搅拌盆内。再用保鲜膜或塑胶袋覆盖，以防干燥，放置在温度为30℃~40℃，湿度约为80%的地方，直到面团膨胀到2~3倍为止。详细的温度设定，请参照各种面包的做法说明。

发酵是如何进行的？

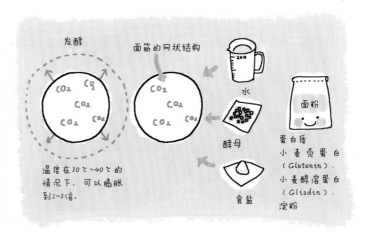

温度在30℃~40℃的情况下，可以膨胀到2~3倍。

发酵，就是酵母菌在分解了面粉中的糖类后，产生的二氧化碳进入面筋的网状结构里使面团膨胀起来的过程。为了达到这样的效果，就必须让环境温度维持在30℃~40℃，湿度在80%左右的条件下。

发酵前必须先进行以下2个步骤

在搅拌盆内涂抹上油脂

为了让面团的表面不会因为发酵而粘在搅拌盆内，请事先用毛刷涂抹上薄薄的一层起酥油或黄油。

确认烤箱的发酵功能

如果烤箱具有发酵的功能，请事先确认温度到底可以设定到几度。

如何分辨是否已完成发酵

如果已过了做法中规定的发酵时间，就可以确认面团发酵的状态。刚开始时，很难只依外观来做判断，所以，请用手指蘸些面粉，插入面团里看看。手指离开后，如果所形成的凹洞还维持原状，不会往内缩，就表示已发酵完成。

将手指插入面团里看看……

凹洞维持原状，但有气泡冒出来	凹洞几乎维持原状	凹洞往内缩，恢复成原状，有弹性
发酵过度	**发酵完成**	**发酵不足**

这就是发酵过度了。有时视程度的严重与否，还是有可能拿来制作面包的。不过，烤焙好以后，可能会有酒精臭味。

这就表示发酵已顺利完成，可以进行下一步工序了。

再度用保鲜膜覆盖在搅拌盆上，等待约10分钟。如果这样还是发酵不足，就再等10分钟，以10分钟为单位，来确认发酵的状况。

如果烤箱没有发酵的功能的话

如果家中使用的烤箱没有发酵的功能，还是可以进行发酵的。可以放置在冰箱上面，或阳台的一角等温暖的地方，或将少量的热水放进蒸笼里，再把装了面团的搅拌盆摆进去，盖上盖。总之，变通的方法很多。只要用心，就可以找到最适合自己的做法了。

利用隔水加热

放置在阳台的角落

关于发酵的 Q&A

Q 发酵前，为什么要将面团塑成圆形呢？

A 首先，是因为面团呈圆形比较容易判断发酵的状况。第二，就是做成圆形可以让面团的表面挺立，使酵母所产生的二氧化碳留在面团里。如果在发酵前，没有先让面团挺立起来，就无法膨胀成漂亮的圆形，发酵后表面也会凹凸不平。

Q 已经超过了发酵所需时间，面团却没有膨胀起来是怎么回事？

A 很有可能是因为温度不够高，或揉和不足。如果用手指插入面团里，所形成的凹洞不会往内缩，就表示已发酵完成，可以进行下一步工序了。

Q 如果忘了正在进行发酵怎么办？

A 如果只是超出5~10分钟，发酵的结果应该不会出现极端的差异，但是，如果已经大幅度地超出发酵所需的时间，就算烤焙好，也必然会变成风味欠佳的面包。此时，建议您最好当机立断，重新制作新的面团。

Q 为什么发酵过的面团，会散发出酒精臭味？

A 这就表示发酵过度了。如果单就外观来看，面团膨胀起来，好像发酵进行得很顺利，事实上却可能是发酵过度了。但是，由于在制作发酵种时，需要长时间来发酵，会产生酒精臭味，也是理所当然的。所以，请耐心地等待，让面团有足够的时间来完成发酵。

4

增强面团的膨胀度
压平排气

面团在发酵膨胀后，再把它按压成平的，就称为"压平排气"。由于面团才膨胀起来，这样做或许有人会觉得有点可惜。但是，为了要做出柔软的面包，这却是必须进行的一个步骤。在进行的过程中，动作一定要轻柔而仔细喔！

首先，要撒上手粉。

这是一个让面团的质地变得更细致的步骤

压平排气，就是将发酵膨胀后的面团按压成平的一个步骤。借助这个步骤，可以让面团内的孔洞变得更柔细，从而使面包的质地变得更细致。此外，还可以强化面筋的网状结构，让面包膨胀起来。不过，并不是每种面团都需要进行"压平排气"这个步骤的。

将面团从搅拌盆中移到工作台上时，要先撒上手粉，以防粘黏。

专栏

需要"压平排气"与不需要"压平排气"的面团

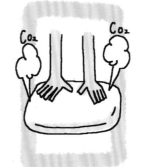

加入大量油脂的面团，有的就不需要进行"压平排气"这个步骤。经过"压平排气"这个步骤的面团，由于发酵的时间很长，烤焙好的面包就会更湿润。加入蛋、砂糖、黄油等材料的面团，就算不进行"压平排气"这个步骤，这些辅料也会代为担负起这项重任。

压平排气的方法

1 先在工作台上撒上手粉。手掌上也要先蘸上薄薄的一层手粉。

2 用手掌，从面团的中心开始轻柔地按压。

3 不要用力敲，要用手按压，把面团里的二氧化碳完全挤压出来。

4 如是硬式面包等种类的面团，只要稍微进行"压平排气"这个步骤即可。

压平排气后要折叠起来

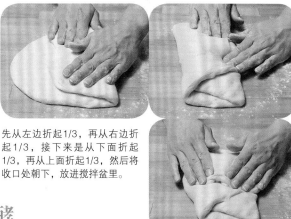

先从左边折起1/3，再从右边折起1/3，接下来是从下面折起1/3，再从上面折起1/3，然后将收口处朝下，放进搅拌盆里。

放回搅拌盆里继续进行发酵

5

塑形前的准备步骤

分割、滚圆、中间发酵

发酵完成后，很快就进入塑形的阶段了。在进行塑形前，需要先完成分割、滚圆、中间发酵等准备工作。这些看似简单的步骤，如果能够认真地执行，不仅可以使后面的塑形步骤顺利完成，烘焙好的面包也会很漂亮！

为了能够漂亮地塑形，必须先完成以下3个重要步骤

　　面团在发酵完成后，就要进行分割了。制作的面包种类不同，分割量也就不同。分割时，要使用切面刀或刮板等器具，迅速而连贯地切开。如果将面团切得支离破碎或拉扯开来，就会破坏才形成的面筋网状结构。所以，千万要避免这样的状况发生。

　　分割后的面团，用手滚圆。将面团塑成圆形，是一个重要的步骤，主要是为了让面团的表面挺立，以强化面筋的网状结构，让面包的质地变得更佳。

　　滚圆后的面团，将收口处朝下，放置在工作台15～20分钟，进行中间发酵。这样的静置过程，是为了让面团变得更容易塑形。此时，请盖上塑胶袋，以防止面团变干燥。

分割的方法

用刮板将面团取出，移到撒上手粉的工作台上。

虽然也可以用刮板来分割，但是使用切面刀将面团切成棒状，这种分割起来会比较容易。

用切面刀来分割

分割时，使用专用的切面刀，用起来比较方便。如果手边没有切面刀，也可以使用刮板。

切面刀与刮板是制作面包时不可或缺的重要器具。所以，务必要备齐。

首先，在工作台上用大拇指夹着面团。

用手掌覆盖面团。

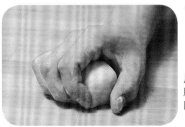

用大拇指与靠近手腕的部位转动小面团。

用食指、中指夹住面团。

面团的滚圆

用手掌将小面团滚圆。在工作台上，用手指轻轻抓着面团，如果是右手，就边滚圆边以逆时针的方向转动面团。这样滚圆时，以手腕当做轴心，做起来会比较容易。

将手指蜷曲成猫爪般的姿势，是滚圆时的诀窍。

进行中间发酵时，要防止面团变干燥。

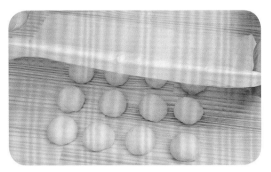

所谓"中间发酵"，就是指面团滚圆后的静置松弛过程。在这段时间里，请特别留意，不要让面团变干燥了。

为何要进行中间发酵？

刚完成滚圆的面团，表面很挺立，不易塑形处理。所以，需要静置一段时间让面团膨胀松弛，以利整形。这就是"中间发酵（Benchtime）"。在室内进行的话，需15～20分钟的时间，要用塑胶袋等覆盖，以防干燥。

大面团的滚圆方法

由于大面团很难放在手中滚圆，所以，要用两手撑着面团的两边，从离自己较远的那端往靠自己的方向滚过来。然后，再将面团转90°，重复同样的滚圆动作直到滚圆为止。

在工作台上，用两只手抱着般地轻轻撑着面团。

然后，再将面团转90°，重复同样的滚圆动作。

6

迅速进行，就是完成这个步骤的诀窍。

塑形

制作面包时，最后是一个将面团整形的步骤，就是"塑形"。面包有各式各样的不同形状。虽然形状不同，最重要的共通原则就是进行时动作要"迅速而小心"。尤其是经过中间发酵的面团，质地比较脆弱，所以，更需动作迅速，小心谨慎地进行。

形塑得漂亮，完成的面包就会美观

塑形，就是将面团塑造成各式各样不同的形状之意。塑形时若用擀面棍擀，要在擀前先用手掌压平摊开之后再开始擀。将面团放到工作台上后，把收口那面朝上，让最后漂亮地整形完的那面变成面包的正面。然后，用擀面棍小心轻柔地将整个面团擀成均匀的厚度，再迅速地塑形。像可颂或丹麦面包等油脂含量高的折叠面团，在进行以上步骤时如果动作缓慢或重复操作，面团内的油脂就会分离出来，面筋的网状结构也会被破坏。塑形完毕时，用手指将收口处捏紧，烤焙好的面包，表面就不会出现裂口了。

正确的擀面棍用法

1 将完成中间发酵的面团移到工作台上，用手掌压平。

2 先用擀面棍将上半部分小心擀平。擀的时候，要用手压好擀面棍的两端，小心地滚动。

3 然后，继续擀下半部。如果面团里还留有二氧化碳，擀的时候，边缘就会发出气体排出的声响。此时，要用擀面棍好好地擀，将二氧化碳排干净。

4 另一面也要以相同的方式，用擀面棍擀。擀的时候动作要轻柔，以免因为太过用力，而使面团粘在工作台上。

各式各样的塑形

卷类面包（Roll）

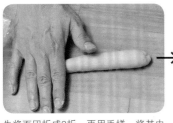 

先将面团折成3折，再用手搓，将其中一端搓得比较细长点，做成像水滴的形状。

将面团的收口处朝上，用手掌压平后，用擀面棍擀成约20cm的长度。

先将比较粗的那一端卷起一圈，再一路卷下去。然后，用手指捏紧卷完的末端部分，让末端看起来不至于太明显。

吐司

先用擀面棍将面团擀成椭圆形，把上面的1/3折起，再把下面的1/3折起，变成棒状。然后，将棒状面团垂直放好，从上面开始往下卷。

切割模类

用圆切模，切割出圆环状。

除了圆形之外，也可切割成花形。如果面团粘在工作台上，就在切割模上撒上手粉。

丹麦面包类

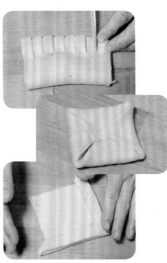

丹麦面包的面团为折叠面团的一种，有里面包着馅料的，或面包表面放上馅料的等等，不同种类的面包有不同的塑形方式。

棒状

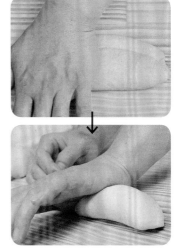

将收口朝上，压平，上下各折起1/3后，再对折。利用工作台，将面团做成两端较细的棒状。

7

让面团可以膨胀起来的最后一道工序

最后发酵

完成塑形的面团，进行再次膨胀的作业，就称之为"最后发酵"。在这个过程中，面团内的酵母菌所产生的二氧化碳会达到最多量。因此，出炉的面包会变得很柔软。不过，在这个阶段需要特别留意，不要让面团发酵过度了。

卷类面包进行最后发酵时的诀窍

面包能否做得柔软，关键就在于这个步骤

最后发酵，就是指让塑形后的面团变得更柔软的最后一次发酵。面团塑好形后，放在铺了烤盘纸的烤盘上，进行最后发酵。由于完成后，面团会增大到1.5~2倍，所以，面团与面团间要先空出约1个面团大小的间隔。

再将烤盘整个放进塑胶袋里，或用保鲜膜轻轻地覆盖，以防干燥。然后，放置在温度32℃~38℃，湿度75%~80%的环境中，进行最后发酵。

塑形后的面团如果膨胀到1.5~2倍，就表示最后发酵已经完成了。如果膨胀得比这个还大（右图），就是发酵过度了。在这种情况下，烤焙好的面包反而不会膨松柔软。

请注意最后发酵不要过度

下图中，右边为最佳的烤焙完成状态，左边为最后发酵过度所烤焙出的面包。若是最后发酵过度，不仅无法烤得松软，表面还会显得粗糙。

硬式面包进行最后发酵时的诀窍

就算没有帆布也没关系

帆布可以在糕点材料店或布店买到。如果没有帆布，也可以用质地稍厚的布或餐巾纸来代替。

若是最后发酵过度所产生的影响

如果在最后发酵过度的面团上割划纹路，虽然可以划出纹路，却会破坏面团内的面筋网状结构，而导致酵母菌所产生的二氧化碳排出面团。

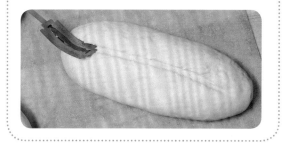

在硬式面包中，比如在做黑麦面包时，就需要先铺上布，并将布弯曲成凹凸的山形，再将面团放置在凹下的布上，进行最后发酵。这是因为硬式面包的面团在进行最后发酵时，比较容易变形，这样做，就不用担心上述情况的发生了。

吐司进行最后发酵时的诀窍

将塑好形的面团放进吐司模里进行最后发酵。将面团放入模内的角落，让面团紧贴着模的侧面，这样面团的表面就会更加地往上膨胀，让出炉的面包质地更松软。

家中的烤箱没有发酵功能时怎么办？

将面团放在铺了烤盘纸的烤盘上，再将烤盘整个放进塑胶袋内，叠放在装了热水的托盘上，就可以了。

另外有个方法，就是将烤盘整个放进用来发酵（参照第23页）的笼屉内。

8

制作面包的最后一个步骤

烤焙

终于进入最后一个步骤——烤焙了，进行这个步骤的重点，就是要确实掌握好自家烤箱的特性与功能。因为，有时即使是完全按照做法上的指定时间来烤焙面团，成果也未必理想。所以，在烤焙时，一方面要按照做法上的规定来控制时间、温度，一方面要配合自家的烤箱特性，做适度的调整，才能让面团烤焙的成果更完美。

烤焙前的准备工作

割划纹路

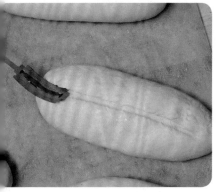

涂抹蛋液

喷湿

↑↑软式面包在烤焙前要涂抹上蛋液，让面包烤好后表面呈现出光泽。↑硬式面包则是在烤焙前要先用水喷湿。

划上切口

↑↑割划纹路时，若是迅速进行，就不会损伤面团。↑划上切口时，若是手持剪刀竖着剪，切口就会很漂亮！

烤箱完成预热后，就要立刻进行最后一个步骤——烤焙

完成最后发酵的面团，要立刻放进烤箱烤焙。正因为在最后发酵完毕后，就必须将面团放进烤箱里烤，所以，请务必要记得先预热烤箱。此外，将蛋液涂抹在面团表面，或用割纹刀在面团上划上纹路等工作，都要在烤焙前预先准备好。

面包的烤焙所需时间与温度的设定，请参考各种面包的做法说明。不过，由于不同种类的烤箱，会有不同的烤焙特性，所以，烤焙时，要随时确认面包的颜色状况，以加放烤盘等方式来随机应变。

面包烤焙好后，要立刻从烤箱取出，吐司等放入模型里烤焙的面包，要立刻从模型中取出。卷类面包等单个的面包，要放在网架上，让它完全冷却。

瓦斯烤箱与电烤箱，哪一种比较好？

电烤箱与瓦斯烤箱的差别，就在于箱内转动的风扇强度。由于电烤箱内的风扇比较弱，烤焙好的面包质地会比较湿润，因此，比较适合用来烤软式面包。而瓦斯烤箱的风扇比较强力，所以，火力也能维持在稳定的强度，比较适合用来烤焙硬式面包。

一定要先预热烤箱，再进行烤焙

如果没有先预热烤箱，就算过了做法中所规定的烤焙时间，也容易烤焙失败，有可能会造成表面颜色不均，或没有完全烤熟的情况。预热，是大家经常会忘记的一个重要步骤，对烤焙的结果有重大的影响。所以，一定要牢记，千万别省略了。

烤焙时的 Q&A

Q 如何分辨面包是否已烤好了?

A 由于不同的烤箱具有不同的用法与特性，很难一概而论。不过，一般而言，只要按照做法上的指定时间放进烤箱中，烤出黄褐色来，大致上就可以了。最好在过了指定的所需时间约8成时，检查一下烤的状况，如果还没烤出颜色，就稍微调高烤箱的温度吧!

Q 烤得半生不熟，是因为自家烤箱的原因吗?

A 原因可能很多，不见得一定是这个原因。其他可以想象得到的原因还包括面团发酵不足，烤箱设定温度过高等。此时，请检查整个制作过程，重新来过吧!

Q 为什么吐司的侧面扭曲不挺直?

A 有可能是因为烤焙的时间不够长;烤箱设定温度太低或烤好后没有立刻从模型中取出。如果一直留在模型内，就会有水蒸气聚集在吐司侧面，使其侧面无法承受重量而弯折下来。

烤焙后的装饰也很重要喔!

装在模型内的面包要立刻从模中取出

吐司烤好后，若是没有立刻从吐司模中取出，吐司的表面就会因为水蒸气聚集而破损。

用辅料做装饰

特别是点心面包或丹麦面包等，烤焙好后，常需要再涂抹上风冻（Fondant，又称为翻糖）或果酱，所以，不要忘了进行这个步骤喔!

→第202页的罂粟子甜面包（Mohnstollen），是一种在烤好后要涂抹上融化黄油，并撒上细砂糖、糖粉的香浓口味的圣诞面包。

与面包有关的其他知识01
辅料的做法

水果或卡士达奶油馅等辅料，是制作丹麦面包或点心面包等不可或缺的材料。在此要介绍的是卡士达奶油馅或风冻等比较常见的辅料的做法。材料所需的分量，请参考各种面包做法中的规定。

1 将牛奶倒入锅内，加热到快沸腾时，关火。

2 将蛋黄放进搅拌盆里搅开，加入砂糖，用搅拌器混合。如果要加入香精，请在此时加入。

卡士达的做法

奶油面包或丹麦面包里所包的卡士达奶油馅要做得好吃，制作的秘诀就在于动作要迅速。

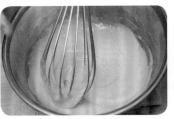

3 将低筋面粉加入2里，稍加混合。请小心，在这里如果混合过度了，质地就会开始变黏。

4 将加热到快沸腾的牛奶加一点到3里稀释。混合好后，再将剩余的牛奶都加入混合。

5 边用滤网过滤4，边倒入锅内。

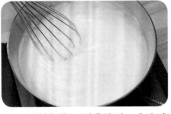

6 开始加热，到沸腾时，会变成浓稠的奶油状，所以，要不断地搅动，以免结块。

7 等到开始沸腾约1分钟后，关火，从炉火移开。倒入托盘里，叠放在另一个装满了冰块的托盘上冷却。由于冷却后的卡士达会凝固起来，所以，请倒入搅拌盆里，用橡皮刮刀等混合，让它恢复原状后再使用。

重点

混合卡士达时要动作迅速

将砂糖加入蛋黄里的步骤2，或混合低筋面粉的步骤3，由于质地变浓稠后，很容易就会结块，所以，进行的时候动作要快。此外，在进行步骤6时，要特别留意不要将卡士达加热到烧焦了。

风冻的做法

风冻（Fondant，又称翻糖），就是用来涂抹在烤好的面包上的固体砂糖。使用时，必须先用水稀释。

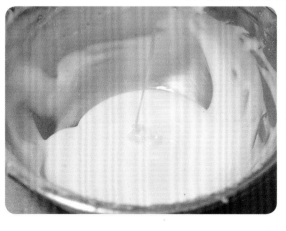

用手揉和从市面上买来的风冻，让它变软，再与糖浆（砂糖∶水=1∶2）混合，用橡皮刮刀压碎结块，等到接近37℃时再使用。

杏仁奶油馅的做法

在本书第80页的甜味卷（Sweet Roll）中会用到。这种充满了杏仁芳香的奶油馅，让面包变得更加美味。

1　先用搅拌器混合恢复成常温的黄油与砂糖，再将蛋分成4~5次加入混合。如果将蛋一次全部加入，蛋与黄油就会产生分离现象，无法混合。

2　充分混合后，就加入杏仁粉，继续混合。

熬煮果酱的方法

用来做面包的果酱，熬煮后，使用起来会很方便。在此介绍的是杏桃（Apricot）果酱的熬煮法。

将约果酱的2成分量的水加入酱里，用锅加热到沸腾。再经过1~2分钟的熬煮后，就会冒出气泡。等到果酱开始变得有黏性后，就用饭勺舀起看看。如果果酱可以在饭勺上凝固成水滴状后落下，就做好了。

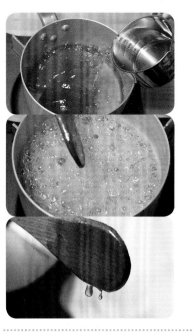

酥粒（Crumble）的做法

酥粒，就是呈干松状的饼干面糊。除了可以用来制作甜味卷之外，也常被用来作为蛋糕表面的馅料。

将砂糖加入恢复成室温的黄油里，用搅拌器混合。然后，加入肉桂粉与低筋面粉，边用刮板切，边混合到变成干松状，就完成了。然后，放进冷冻室冷藏，直到要使用时再取出。

面包的制法

面包的制法，大致上可分为直接法与发酵种法两种。请参考本书的"面包制程数据表"中所标示的各种面包的制法。

不同种类的面包，适用的制法也不同。

面包的制法，大致上可分为直接法与发酵种法两种。直接法，就是只进行一次揉和作业的制法。相对于此，发酵种法，则要先制作发酵种，此法需要进行发酵种与面团揉和的两次揉和作业。发酵种法，又可依发酵种做法的不同，再做更细致的分类。

尽管不论采用哪种制法都可以做成面包，可依照面包的种类或制作材料的特性，则各有比较适用的做法。本书为各位介绍的面包食谱，就是针对不同种类的面包选择最适合的制法。如果是初学者，请先依照做法指示来做做看。等到熟练掌握后，再试着做各种不同的尝试吧！

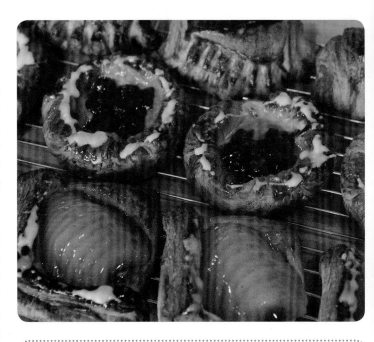

什么是用酒种制作而成的豆馅面包？

酒种豆馅面包，就是不使用酵母菌，而是使用以精白粳米与曲菌繁殖而成的酒来发酵而成的豆馅面包。据说这样的做法是日本明治初期时，由银座木村屋总店所研发出来的。它的特征就是带有甜酒般的芳香，是日本特有的面包，也是一种天然酵母面包。

面包　馒头

各种面包的制法

以下介绍的是一般的面包制法。除了以下的制法之外，还有依照以下制法所变化出来的方法，或面包店自行开发的各种制法。

直接法

（手揉法）

从混合材料开始，到发酵、塑形、烤焙为止，整个流程一次性完成的制法。这种制法做好后的面包可以保留面粉的原始风味，制作过程简单，即使是初学者，也可以轻易地完成。这种制法，几乎适用于所有的软式面包与硬式面包。不过，有些种类的面包，在发酵时，并不需要进行压平排气的步骤。

①揉和
②发酵
③压平排气
④分割与滚圆
⑤中间发酵
⑥塑形
⑦最后发酵
⑧烤焙

一次完成

过夜法

（冷藏面团法）

这种制法适用于折叠面团或油脂类含量高的面团。将油脂加入面团里折叠时，必须维持在相同的温度下进行。因此，将事先做好的面团放进冰箱冷藏备用，进行面团折叠时就比较容易处理了。这也正是这种制法最重要的优势。

发酵种法

发酵种法，就是利用一部分材料中的粉来预先制作发酵种，然后，在揉和面团时加入混合让面团发酵的做法，统称为发酵种法。若是将发酵分成2次进行，面团的发酵时间就可以缩短了。此外，由于粉类的分子可以有充裕的时间来进行连结，烤焙好的面包，质地就会比用直接法制作的面包还湿润。发酵种法中，还可以再分成只用粉类、水、酵母来预先发酵制作而成的中种，或用粉类与收集到散布在空气中的酵母所培养而成的酸种等多种的方法。

①揉和发酵种
②发酵种发酵

第1次

①揉和面团
②发酵
③压平排气
④分割与滚圆
⑤中间发酵
⑥塑形
⑦最后发酵
⑧烤焙

第2次

发酵法的制作基本流程如上表所示。其他的像中种法、加糖中种法、一次发酵法，除了发酵种的材料或分量比例不同之外，制作流程都与上表相同。

酸种法

这是一种不使用工业用的酵母，而是利用自然界中已存在的微生物反应来使面团发酵的制法。本书中，就是采用这种方法，后面会为各位介绍天然酵母面包的做法。详细内容请参考第184～185页。

中种法

这是使用50%以上发酵种制作的面团。由于面团已经先进行发酵了，所以，在揉和面团时要判断是否发酵完成，这样面团的处理就简单多了。这是此种发酵法的一大特征。本书中的面包，如全麦面包（Graham Bread）、葡萄干面包（Raisin Bread）等，大多采用这种制法。若是采用直接法，烤焙出的面包最后很可能会缩水。因此，这类面包更适合中种法。

加糖中种法

中种法，是混合粉类、酵母、水来制作发酵种；而加糖中种法，则是再加入砂糖来做成发酵种的一种制法。事先将砂糖加入发酵种里，在发酵过程中，酵母的繁殖力就不会变低。这种制法，特别适合糖分含量高的面包，尤其是加入面团中的砂糖达20%以上者。

一次发酵法

无论是中种法还是加糖中种法，都需要60分钟～1天的充裕时间来进行发酵。然而，一次发酵的做法则是先混合面团，静置发酵30～40分钟后，再将剩余的材料加入一起混合。含有蛋或黄油等丰富材料的面团，就是采用这种发酵法。

面包烤焙复原法

传授各位一种能将冷冻保存过的面包，复原成像刚烤好时的状态的方法。

可颂面包等质地酥脆的面包

1　将面包排列在铺了烤盘纸的烤盘上。此时，烤箱必须已经先预热完毕。如果用的是烤面包机，就用铝箔纸将面包轻柔地包好，再烤焙，让面包复原。

↓

2　可颂或法式面包等硬式面包，如果用水大量喷湿后，再烤焙复原，口感就会比较香脆。

卷类面包等质地柔软的面包

1　软式面包的特色就是质地湿润而柔软。如果用加热的方式来让面包复原，面包里的水分就会变得更少了。因此，请避免使用这种方法来复原。只要将面包从冷冻库取出，放进袋子里包好，放置在常温的环境下，就可以了。

↓

2　面包刚刚冷却的时候，最美味。所以，此时就放进冰箱冷冻最好。如果是在烤焙好后，过了一段时间才冷冻，味道就会变差。还有，冷冻保存的面包，最迟应在2周之内吃完。

何谓可以让面包的口感恢复的烤焙复原法呢？

经过冷冻的面包，并不是停止了腐败的过程，只是减缓了腐败的过程而已。所以，无论使用什么样的方法，都不可能让面包完全恢复成刚出炉时的状态。尽管如此，还是可以借助烤焙复原法，让面包恢复成接近出炉时的状态。

做法其实很简单。如果是法式面包，要先用水将常温解冻后的面包表面喷湿。然后，再用200℃～250℃的温度，烤约5分钟，就行了。

无论是哪种面包，在经过冷冻保存后，水分都会流失。所以，在进行烤焙复原前，一定要先喷湿，补充水分。

如果是软式面包，只要用常温来解冻就可以了。如果采用烤焙复原的方式，面包就会变硬。

其他像可颂面包等，或折叠面团制成的面包，也是用与硬式面包相同的烤焙复原法，就可以让面包恢复成酥脆的口感了。

第二章
半硬式面包

面包的口感与水分、油脂的关系

辅料的多寡，是决定口感好坏与否的关键。

根据制作面包的材料划分，以粉类、水、酵母、食盐制作而成的法式面包、法国乡村面包（Pain de campagne）等口味单纯的面包，称为"清淡口味面包"。相对的，基本材料为大量的黄油或起酥油、砂糖、蛋等的面包，称之为"浓厚口味面包"。

清淡口味面包，内含少许的辅料，带着芳香的咸味，很适合用来当做主食。浓厚口味面包，由于内含大量的辅料，所以，吃起来的口感很像柔软膨松的甜点。但是，如果辅料的含量过多，就可能会导致面筋的网状结构难以形成，而酵母菌的繁殖力也会减弱。制作浓厚口味面包时，揉和的时间要长，酵母菌的量也必须比清淡口味面包要多。相反，清淡口味面包由于几乎不含辅料，所以，不需要很长的时间就可以揉和完成了。

面包依水分或油脂含量比例的不同，而变化出各式各样的种类。

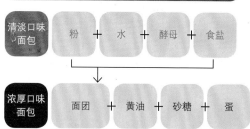

清淡口味面包，由于使用的材料很单纯，所以烤好的面包会散发出面粉的芳香，风味绝佳。含有大量辅料的浓厚口味面包，在揉和时要有耐性，面包在烤焙时才能够膨胀得漂亮。

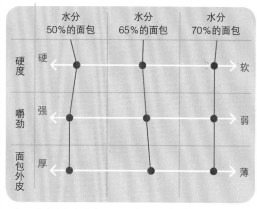

面包里的水（包含油脂内所含的水分）含量的多寡，是决定口感好坏的关键。

黄油与起酥油有何不同?

黄油	起酥油
↓	↓
烤好后的面包	*烤好后的面包*
如果制作面包时，使用以牛奶做成的黄油，面包里就会因此而添加了乳脂和色素，所以，适合用来制作需要凸显这些风味特色的面包。	由于起酥油在制作过程中已经过脱臭、脱色的处理，所以，用来制作面包不会显现出特异的风味，会使面包的质地变得既酥脆又松软。

White Pan Bread

山形吐司

天然而美味的山形吐司，让人百吃不厌，堪称面包中的王中王。

山形吐司

材料

（1斤吐司模1条的分量）
高筋面粉（Super King，一种专用面包粉）…………… 250g
砂糖…………………………… 13g
食盐…………………………… 5g
脱脂奶粉……………………… 5g
新鲜酵母…5g(速溶干酵母为2g)
水…………………………… 175ml
黄油…………………………… 5g
起酥油………………………… 8g
蛋液（上光用）…适量（蛋：水＝1：1的比例稀释）

面包制程数据表

制法	直接法
面筋的网状结构	薄而坚实
揉和时间	约35分钟
发酵	温度28℃～30℃发酵90分钟压平排气后40分钟
中间发酵	20分钟
最后发酵	温度约35℃
	发酵60～70分钟
烤焙	温度约200℃
	烤焙30～35分钟

所需时间
5 小时
难易度
★★☆

01 先将高筋面粉、砂糖、食盐、脱脂奶粉放进搅拌盆里，再加入水溶解过的新鲜酵母混合。

02 将手指以竖着的姿势，混合搅拌盆里的材料，到完全看不到粉末为止。

03 等混合到看不见粉末后，移到工作台上，用手上下滑动交替地按压面团。等到整体硬度均匀后，就整合成团。

04 用刮板将粘在手上或工作台上的面屑刮下，与面团整合在一起。

05 将面团的边缘摔打在工作台上，再把手上拿着的那端覆盖在摔打的那部分上。接着，将面团转90°，用此方式反复揉和。

06 用05的方法揉和约15分钟，等到面团开始变得光滑后，就可以检查面筋的网状结构状态了。

07 将面团撑开，若形成像图片中薄薄一层面筋的网状结构，就可以进入下一步骤。如果破裂，就表示需要再揉和。

08 如果面筋的网状结构已经形成了，就将黄油与起酥油放在面团上，再用周围的面团将油脂包裹起来。

09 比照步骤03，用拉扯的方式揉和混合面团与黄油、起酥油，不时地用刮板刮下粘在手上的面屑，与面团整合。

10 等到整个面团的硬度变得均匀后，就比照步骤05的做法，将面团摔打在工作台上揉和约15分钟，到面团变得光滑为止。

11 将面团撑开，若形成像图片中薄薄一层面筋的网状结构，就可以进入下一步骤。如果破裂，就表示需要再揉和。

16 到时间后，将面团取出，放在撒了手粉的工作台上，用切面刀切成2等份。

21 将面团摆成纵向，从上端先卷成轴，再一路卷到底。卷的时候不要用力，慢慢地卷就可以顺利完成。

12 搅拌盆内涂抹上薄层的黄油，将塑形成圆形的面团放进去，用保鲜膜覆盖，以28℃～30℃的温度，发酵约90分钟。

17 将2份面团滚圆。用将面团的上下两端粘贴在一起的方式拉，以这样的方式来滚圆。

22 卷到底后，将边缘捏住封好，以免面团松开。

13 到时间后，用手指蘸上手粉，插入面团里，以确认发酵状态。若手指插入的痕迹留在面团上，就表示发酵完成。

18 面团滚圆后，用塑胶袋盖上，以防干燥，静置工作台上20分钟，进行中间发酵。

23 将2个面团放进已涂抹上油脂类的1斤吐司模里，各靠一侧放，面团的收口都朝内。

14 将面团放在撒了手粉的工作台上，用手掌稍有力道地将面团压平排气。

19 到时间后，将面团的收口朝上，用手掌压平，再用擀面棍边压出面团里的二氧化碳，边擀成椭圆形。大约进行3次即可。

24 等到面团膨胀到模型的10分满时，就表示最后发酵已完成，可以进行下一个步骤。

15 将压平排气后的面团从四边折叠起，收口处朝下，放进搅拌盆里，用保鲜膜覆盖，静置约40分钟，让它再度发酵。

20 将面团横放，先把上面的1/3折起，再同样把下面的1/3折起。

25 用毛刷将蛋液涂抹在面团表面，用200℃的烤箱烤焙30～35分钟。烤好后，要立刻从模型中取出，冷却。

适合用来制作面包的面粉

不同种类的面包，适用的面粉也不尽相同。

```
                    ┌──────────┐
                    │   面粉   │
                    └──────────┘
```

低筋面粉	中筋面粉	富强粉	高筋面粉
常用来制作糕点、天妇罗，或当做手粉	常用来制作乌龙面、中华面等各种面类	最适合用来制做法式面包	适合用来做任何种类的面包
蛋白质含量为	蛋白质含量为	蛋白质含量为	蛋白质含量为
●7.0% ~ 8.5%	●8.0% ~ 10.5%	●10.5% ~ 12.5%	●11.5% ~ 13.5%

日本还有以下几种高筋面粉！

（Haruyutaka）	（LYS DOR）	（Super Camellia）	（Eagle）
这是一种日本本国产的富强粉。由于蛋白质含量比从国外输入的面粉少，所以，有时制作某些种类的面包时，必须混合其他面粉使用。	这是富强粉的一种，适用于法式面包等硬式面包。这种面粉里混合着低筋面粉。做好的面包，外皮硬脆，内部质地湿润。	这是一种蛋白质含量高，很普遍的高筋面粉。不仅可以用来制作面包，还可以制作面类，是一种多用途的高筋面粉。	这是一种最具代表性的面包专用高筋面粉。适用于制作点心面包、吐司等。不太适用于材料组合单纯的法式面包等。

Q&A

无法区分高筋面粉与低筋面粉，怎么办？

A 此时，可以试试用以下的方法来做分辨。首先，用手紧握面粉看看，如果质地湿润，手指的痕迹还残留在粉上，就是低筋面粉。如果手放开后，手指的痕迹没有留在面粉上，而且面粉恢复成沙沙的原状，就是高筋面粉。

高筋面粉有很多种类

面粉，依蛋白质的含量多寡来分类。制作面包时所使用的是蛋白质含量最高的高筋面粉。其中，不同种类的高筋面粉，蛋白质含量也不同，所以，做好的面包就会产生不同的风味与口感。

举个例子来说吧！高筋面粉中蛋白质含量较少者适合用来制作硬式面包。反之，适合用来制作口感膨松柔软的软式面包。富强粉不仅可以用来制作法式面包，还可以用来制作其他的硬式面包以及皮力欧许等软式面包。

Graham Bread

全麦面包

全麦面粉的芳香完整地保留在面包中，天然而美味。

全麦面包

材料

（1斤吐司模1条的分量）

发酵种的材料

高筋面粉（Super King）…175g

新鲜酵母… 5g（速溶干酵母为 2g）

水……………………… 113ml

面团的材料

全粒粉（全麦粉）………… 75g

水（浸泡全粒粉用）……… 63g

砂糖………………………… 15g

食盐………………………… 5g

脱脂奶粉…………………… 5g

黄油………………………… 8g

起酥油……………………… 8g

蛋液（上光用）…适量（蛋：水 ＝1：1的比例稀释）

面包制程数据表

制法	发酵种法
面筋的网状结构	薄而稍微坚实（发酵种不用）
揉和时间	约2分钟（发酵种）约35分钟（面团）
发酵	温度25℃~28℃发酵3~4小时（发酵种）温度28℃~30℃发酵30~40分钟（面团）
中间发酵	20分钟
最后发酵	温度约35℃发酵约60分钟
烤焙	温度约200℃烤焙30~35分钟

所需时间
6 小时 30 分

难易度
★★

46

需事先完成的步骤

1 揉和面团前，必须先制作发酵种。将高筋面粉与用水溶解好的新鲜酵母放进搅拌盆里混合。

2 用手指以竖着的姿势，将搅拌盆里的材料混合到均匀的硬度。然后，在搅拌盆里揉和，不用移到工作台上进行。

3 等揉和到如图片中可以整合成团后，用保鲜膜覆盖，以25℃~28℃的温度，进行发酵3~4小时。发酵种的制作就此完成。

4 在揉和面团的过程中，要使用粗研磨的全麦粉时，就要用水浸泡。先用刮板充分混合后，再加水进去。

5 为了防止干燥，要用保鲜膜紧贴覆盖着全麦粉，静置约3小时。

01 等到发酵种膨胀到像图片中的大小时，就表示发酵已完成了。

02 用刮板在发酵种里腾出空间，再把材料中的全粒粉、砂糖、食盐、脱脂奶粉放进去。

03 在搅拌盆内稍微混合揉和一下。等到整合成团后，就移到工作台上。

04 用手上下滑动交替地按压面团。等到整体硬度均匀，完全混合好后，就用刮板整合成团。

05 用手拿着面团的上端，将下端摔打在工作台上，再把手上拿着的那端覆盖在摔打的那部分上。将面团向右转90°，用此方式揉和约15分钟。

06 切下一小块面团，如果可以撑开成像图片中一般的膜，就可以进入下一个步骤。如果破掉断裂，就得再继续揉和。

07 将面团摊平，把黄油与起酥油放在上面，再用四边包裹起来。

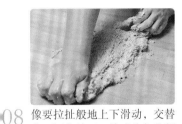

08 像要拉扯般地上下滑动，交替将面团拉扯开。待成均匀的硬度时，用刮板将手及工作台上的面屑刮下，与面团整合。

09 用与05相同的步骤，再次揉和约15分钟，到面团开始变光滑为止。

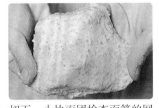

10 切下一小块面团检查面筋的网状结构状态。若可以撑开像图中的膜，可以开始发酵。若破掉断裂，就得再继续揉和。

11 在搅拌盆内涂抹上薄薄一层的黄油，将塑成圆形的面团放进去，用保鲜膜覆盖，以28℃~30℃的温度发酵30~40分钟。

12 面团取出放在撒了手粉的工作台上。将面团上下两端拉起，用这样的方式滚圆，再静置20分钟进行中间发酵。

13 到时间后，将面团对折，把收口处捏紧，做成饺子状。

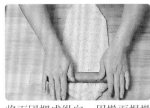

14 将面团摆成纵向，用擀面棍擀开。由于面团的边缘容易囤积着二氧化碳，所以，要用擀面棍边擀边压出二氧化碳。

15 先将面团上面的1/3折起，再把下面的1/3折起。由于要将面团放进模型中，所以折的时候要配合模型的长度。

16 以折起的面团正中央为折线，再对折。

17 用手腕用力压收口的部分，让收口处贴紧封好。

18 将面团整理成与模型相同的长度。如果面团太大了，就将面团往内压，整理成适当的大小。

19 将面团放进已涂抹上油脂类的模型内，往下端靠拢。这样做，表面就容易膨胀起来了。

20 烤焙前，用毛刷将蛋液涂抹在面团表面。然后，用约200℃的烤箱烤焙30~35分钟。

使用全麦粉制作面包时的有关事项

全麦粉具有丰富的谷物芳香，魅力十足。

高筋面粉与全麦粉的营养成分有何不同？

每100g中的含量	高筋面粉	全麦粉
卡路里（kcal）	366	328
蛋白质（g）	11.7	12.8
脂肪（g）	1.8	2.9
碳水化合物（g）	71.6	68.2
钙质（mg）	20	26
铁（mg）	1.0	3.1
锌（mg）	0.8	3.0
维生素E（mg）	0.3	1.2
维生素B_1（mg）	0.10	0.34
叶酸（μg）	15	48
多价不饱和脂肪酸(g)	0.91	1.44
水溶性食物纤维(g)	1.2	1.5
不溶性食物纤维(g)	1.5	9.7

※引自日本食品标准成分表第5版。

细研磨的全麦粉

研磨成细粉状的全麦粉。由于容易与水混合，比粗研磨的全麦粉更好用。

粗研磨的全麦粉

粗研磨而成的全麦粉。使用时，必须先用水泡软后，再使用。

用全麦粉制作面包时的诀窍

使用发酵种，让面包能够形成坚实的结构
由于全麦粉不容易形成面筋的网状结构，所以，必须先做好发酵种，让面团里的结构变得坚实。

请将面团放进模型里再烤焙
与其当做1个面包来塑形烤焙，倒不如放进模型里，像吐司一样地烤，形状跟效果都会比较好。

虽然不会像吐司一样地膨胀，但是，也不用担心喔！
即使与高筋面粉混合了也不会膨胀得很高，这就是全麦粉的特性。所以，切勿匆忙，避免发酵过度！

全麦粉含有丰富的维生素、矿物质，是营养价值极高的食材。

小麦，可以分为表皮、胚乳、胚芽等部分。面粉，就是只用胚乳部分研磨成的粉。但是，全麦粉则是用表皮、胚乳、胚芽全部一起研磨而成的，是一种含有小麦完整部分的面粉。全麦粉除了含有食物纤维之外，还含有丰富的铁、维生素B1、维生素E以及各种矿物质等，是一种营养价值极高的粉类。

虽然全麦粉的养分极高，却不代表所有的面包都适合用全麦粉来制作。原因就在于全麦粉难以形成面筋的网状结构，所以，面包也就不容易膨胀起来。因此，使用全麦粉时，大多会混合6成以上的高筋面粉后再使用。

Raisin Bread

葡萄干面包

这种面包里布满了香甜的葡萄干，真正的美味让人无法挡住诱惑。

葡萄干面包

材料

（1斤吐司模1条的分量）
发酵种的材料
新鲜酵母…5g（速溶干酵母为2g）
水…………………… 113ml
高筋面粉（Super King）…175g
面团的材料
Ⓐ 高筋面粉（Super King）…75g
砂糖 …………………… 20g
食盐 …………………… 5g
脱脂奶粉 ……………… 5g
水 ……………………… 30g
蛋 ……………………… 38g
黄油 …………………… 15g
起酥油 ………………… 10g
葡萄干（加州）……… 150g
蛋液（上光用）…适量（蛋：
水＝1：1的比例稀释）

面包制程数据表

制法	发酵种法
面筋的网状结构	薄而坚实
揉和时间	约2分钟（发酵种）
	约35分钟（面团）
发酵	温度约28℃发酵3~4小时（发酵种）
	温度28℃~30℃发酵30~40分钟（面团）
中间发酵	20分钟
最后发酵	温度约35℃
	发酵70~80分钟
烤焙	温度约190℃
	烤焙30~35分钟

所需时间
6小时30分

难易度
★★☆

发酵种的做法

1 将新鲜酵母放进水里，用搅拌器充分混合。

2 将高筋面粉放进搅拌盆里，再将**1**倒入。

3 在搅拌盆内混合到没有多余的水分为止。

4 混合好后，就用拳头像要翻东西般地揉和。

5 等到硬度变得均匀后，就这样留在搅拌盆里，放置在约28℃的地方，发酵3~4小时。

01 将Ⓐ的材料放进**1**的发酵种里，然后再加入已混合好的水与蛋。

02 在搅拌盆里稍微揉和一下。等到可以整合成团后，就移到工作台上。

03 在工作台上，用手上下滑动交替地按压面团。等到整体硬度变得均匀后，就用刮板整合成团。

04 参照第20页的做法，揉和15分钟以上。

05 切下一小块面团，检查面筋的网状结构，如果可以了，就将黄油与起酥油放在面团上面，用四边包裹起来。

06　像要拉扯一般上下滑动交替地将面团拉开。等到油脂类完全混合好，用刮板将粘在工作台上或手上的面屑刮下，与面团整合。

11　发酵完成后，放到已撒上手粉的工作台上，用切面刀切割成240g重的2份。剩余的面团不要丢弃，可留下来另做他用。

16　将面团纵放，从上端开始卷成轴，再一路卷到底。卷的时候不要用力，慢慢地卷，就可以顺利完成。

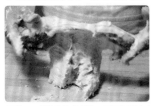

07　用与04相同的步骤，再次摔打揉和面团约15分钟，到面团开始变光滑为止。

12　将面团的上下两端像要黏在一起般地往靠自己的方向拉，用这样的方式来滚圆。

17　将面团放进已涂抹上油脂类吐司模的两侧，面团的尾端收口处都朝内。然后，以这样的状态进行最后发酵。

08　将面团撑开，若形成像图片中薄薄一层面筋的网状结构，就可以进入下一步骤。如果破裂，就表示需要再揉和。

13　切割剩余的面团也滚圆后，用塑胶袋等覆盖，进行中间发酵20分钟。

18　最后发酵完成后，用毛刷将蛋液涂抹在面团表面，进行烤焙。剩余的面团做成棒状，正中央划上纹路，一起放进烤箱烤焙。

09　将面团压平，上面放满葡萄干，再包裹起来，塑成圆形。

14　中间发酵完成后，放到已撒上手粉的工作台上，先用手压平，让二氧化碳排出，再用擀面棍擀成椭圆形。

Q&A

Q 切割剩下的面团，该如何处理？

A 经过中间发酵的面团，擀成椭圆形，由上往下卷，再把尾端封好。然后，在表面涂上蛋液纵向划上1道割纹，再将黄油与砂糖摆上去，就可以烤焙了。

10　用与04相同的步骤，混合面团与葡萄干后，在搅拌盆内涂抹油脂类，将面团放进去，以28℃~30℃的温度，发酵30~40分钟。

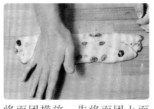

15　将面团横放，先将面团上面的1/3折起，再将下面的1/3折起。然后，用手掌稍微压平。

剩余的面团不要丢弃，要好好利用！

面包的好搭档——酸甜口味的葡萄干

面包里混合了葡萄干，会更有风味喔！

加州葡萄干
（California Raisin）

最具代表性的一种葡萄干。它的甜味与酸味调和得恰到好处。请选择不含添加物的产品来使用。

萨尔塔那葡萄干
（Saltana Raisin）

即萨尔塔那（Saltana）种的葡萄干。由于这种葡萄干是在短时间内日晒而成的，所以，颜色很淡，这也是它的特征。

黑醋栗
（Currants）

由山葡萄日晒而成。由于颗粒较小，很适合用来制作贝果（英Bagel）或司康（英Scone）。

用干果或葡萄干来制作面包时……

吐司最吸引人的地方，就是它整体的美味。所以，混合了葡萄干或干果时，它就不再只是单纯的吐司了。因此，制作面团时，就必须在食谱的做法上，配合加入的干果或葡萄干等素材，在面团的材料分量比例上做适度的调整，才能做出整体味道搭配完美的面包。

其他种类的葡萄干

综合葡萄干

在糕点材料店可以买到萨尔塔那葡萄干、青提子（英Green Raisin）等混合的葡萄干。使用这种素材时，请依各种不同用途来分开使用。

朗姆酒渍葡萄干

就是用朗姆酒浸渍的葡萄干。由于可以存放在瓶中，所以，保存期限也比较长。适合用来制作香草冰淇淋或装饰蛋糕表面。

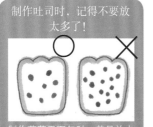

制作吐司时，记得不要放太多了！

制作葡萄干面包时，若是放太多葡萄干，就可能会膨胀得不够，而缩水成体积不大的面包。最恰当的葡萄干的量为面粉量的30%~60%。

干果类的代表→葡萄干

葡萄干，是用来与面包混合的水果中最具代表性的一种素材。一说到葡萄干，就很容易让人联想到加州葡萄干。其实，除了加州葡萄干之外，还有很多种类的葡萄干。

此外，不仅是葡萄干，用来与面包混合的水果，一定都要使用干燥水果。原因除了新鲜水果的香味不够突出之外，果肉里所含的水分，也容易让面团变得湿黏。使用朗姆酒渍葡萄干时，一定要将朗姆酒完全沥干后再使用喔！

Tomato Bread

番茄面包

这种面包的鲜艳橙色，源自于番茄的天然色素。

番茄面包

材料

（1斤吐司模1条的分量）
蛋	25g
水煮番茄罐头	175g
高筋面粉（Super King）	250g
砂糖	20g
食盐	4g
干燥罗勒（Basil）	适量
新鲜酵母	
	8g（速溶干燥酵母为4g）
黄油	20g
蛋液（上光用）	适量（蛋：水=1：1的比例稀释）

面包制程数据表

制法	直接法
面筋的网状结构	薄而稍微坚实
揉和时间	约30分钟
发酵	温度28℃~30℃发酵60分钟压平排气后30分钟
中间发酵	20分钟
最后发酵	温度约35℃发酵50分钟
烤焙	温度约200℃烤焙30~35分钟

所需时间
4 小时

难易度
★★

01 将水煮番茄倒入搅拌盆里，再加入蛋。

02 将高筋面粉放进搅拌盆里，加入砂糖、食盐、干燥罗勒、撕碎的新鲜酵母混合。再将01加入，混合到没有多余的水分。

03 像要拉扯般上下滑动交替地将面团拉扯开。等到油脂类完全混合好，用刮板将粘在工作台的面屑刮下，与面团整合。

04 用手拿着面团上端，将下端摔打在工作台上，再把手上拿着的一端覆盖在摔打的部分上。向右转90°，用同样方式揉和。

05 将面团撑开，若形成图片中薄薄一层面筋的网状结构，就可以进入下一步骤。如果破裂，就表示需要再揉和。

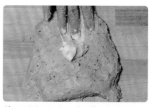

06 将面团压平，把黄油放在上面，再用四边包裹起来。

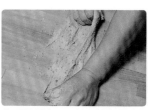

07 像要拉扯般上下滑动交替地将面团拉扯开。等到油脂类完全混合好，用刮板将粘在工作台的面屑刮下，与面团整合。

08 用与04相同的步骤，将面团揉和到变得有韧性为止。此时，就算面团很黏手，也不要撒上手粉喔！

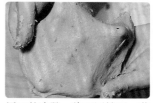

09 用05的步骤，将面团撑开，若形成图片中面筋的网状结构，就可以进入下一步骤。若破裂，就表示需要再揉和。

10 先在搅拌盆内涂抹一层油脂，再将塑成圆形的面团放进去，用保鲜膜覆盖，放在温度28℃~30℃的地方发酵60分钟。

11　60分钟后，将面团取出，放在工作台上，将面团压平，让里面的二氧化碳排出。将面团从四边折叠起来。

12　将折叠后的收口部分朝下，稍微滚圆后，就这样放回原本已涂抹上油脂的搅拌盆里，再发酵约30分钟。

13　发酵完成后将面团取出，放在工作台上，用切面刀切下220g面团。剩余面团，请参考本页右边的食谱利用。

14　将面团上下两端像要黏在一起般地拉，往靠自己的方向滚过来，用这样的方式滚圆后，再用塑胶袋覆盖，进行中间发酵。

15　到时间后，就放到已撒上手粉的工作台上，先用手压平，让二氧化碳排出，再用擀面棍擀成椭圆形。

16　将面团横放，将面团上面的1/3折起，再把下面的1/3折起。折叠的时候，请配合模具的长度。

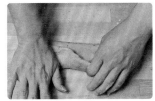

17　以折叠起来的面团正中央为折线，再对折。然后，用手掌用力压，让二氧化碳排出。

18　将面团纵放，从上端开始，一点点地卷到底。卷到尾端时，就用手指捏紧边缘，封好。

19　将面团放进已涂抹上油脂类的1斤吐司模的两端，各自向两端靠拢，面团的尾端收口处都朝内。进行最后发酵。

20　最后发酵结束后，用毛刷将蛋液涂抹在面团表面，要立刻脱模。

运用篇

番茄香肠面包

材料

（1个的分量）
步骤13中剩余的面团 …… 60g
番茄酱………………………适量
香肠…………………………1条
比萨用起司…………………适量
蛋（上光用）………………适量

做法

❶步骤14中间发酵为止的做法，请参照左边番茄面包的做法。然后，用擀面棍擀成椭圆形，折成3折后，塑形成棒状，再放到铺了烤盘纸的烤盘上，进行最后发酵。

❷烤焙前，先用毛刷涂抹上蛋液，用剪刀切割过表面后，再涂抹上番茄酱。

❸将香肠、比萨用起司摆在上面后，进行烤焙。

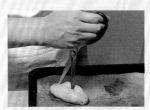

手拿剪刀，竖着以纵向剪开。

在切口里涂抹上番茄酱后，把香肠摆进去。

最后，摆上比萨用起司，用210℃的烤箱，烤焙10分钟。

让面包变得更加多样化的各种素材

打破一成不变的老套，改变面包的颜色与式样！

柳橙面包

材料（1斤吐司模1条的分量）

高筋面粉250g、砂糖20g、食盐5g、脱脂奶粉5g、蛋25g、新鲜酵母8g、柳橙汁160g、黄油20g、糖渍橙皮15g、蛋液（上光用）…适量

做法

❶将高筋面粉、砂糖、食盐、脱脂奶粉放进搅拌盆里混合。❷先用水溶解酵母，把柳橙汁、蛋加入，再全部倒入①里混合。❸等混合到没有多余的水分时，就移到工作台上整体混合，然后，进行揉和。❹等混合到形成面筋的网状结构后，就混合黄油，继续揉和。❺再次确认面筋的网状结构，如果可以了，就将糖渍橙皮加入混合，以28℃～30℃的温度进行发酵60分钟。❻过了60分钟，进行压平排气，再发酵30分钟。❼分割出215g重的面团，滚圆后，进行中间发酵20分钟。❽参考第55页的步骤18～19，进行面团的整形。然后，放进吐司模里，以约35℃的温度，进行最后发酵约50分钟。❾用水：蛋＝1：1的比例稀释的蛋液涂抹表面，再用约200℃的烤箱，烤焙30～35分钟。

红糖面包

材料（1斤吐司模1条的分量）

〈发酵种的材料〉高筋面粉125g、速溶干酵母1g、水75ml〈面团的材料〉高筋面粉125g、红糖50g、食盐3g、脱脂奶粉8g、黄油13g、新鲜酵母6g、蛋50g、水50ml、蛋液（上光用）…适量

做法

参考第168页的凯萨森梅尔（Kaisersemmel），制作发酵种。❶将高筋面粉、红糖、食盐、脱脂奶粉放进搅拌盆里混合，再将已用水溶解好的酵母与蛋液加入混合。❷等混合到没有多余的水分时，就移到工作台上整体混合，然后再进行揉和。❸等混合到形成面筋的网状结构后，混合黄油，继续揉和。❹再次确认面筋的网状结构，如果可以了，就以28℃～30℃的温度进行发酵60分钟。❺分割出215g重的面团，滚圆后，进行中间发酵约20分钟。❻参考第55页的步骤18～19，进行面团的整形。然后，以约35℃的温度，进行最后发酵约50分钟。❼用水：蛋＝1：1的比例稀释的蛋液涂抹表面，再用约200℃的烤箱，烤焙30分钟。

可可面包

材料（1斤吐司模1条的分量）

高筋面粉250g、砂糖25g、食盐5g、脱脂奶粉8g、黄油8g、起酥油13g、蛋15g、新鲜酵母8g、水150ml、可可粉10g、水（可可粉用）25ml

做法

❶将高筋面粉、砂糖、食盐、脱脂奶粉放进搅拌盆里混合，再将已用水溶解好的酵母与蛋液加入一起混合。❷移到工作台上整体混合，然后再进行揉和。❸等混合到形成面筋的网状结构后，就混合黄油与起酥油，再将面团分割成2：1的两份。❹将可可粉与水加入比例为1的那份面团里后，再继续揉和两份面团。❺再次确认面筋的网状结构，如果可以了，就以28℃～30℃的温度发酵约60分钟。❻过了60分钟后，进行压平排气，再发酵30分钟。❼将白色面团分割出280g的面团，可可面团分割出140g重的面团，滚圆后，进行中间发酵约20分钟。❽塑形成棒状后，分别用擀面棍擀开来，再将可可面团叠在白色面团上，卷起来。❾放进吐司模里，以约35℃的温度进行最后发酵约40分钟。❿盖上盖子，放进约200℃的烤箱，烤焙30～35分钟。

可塑性强，丰富多样的面包。

如果您一贯制作成分单一的吐司，不妨试着在面团里混合不同的材料，或塑形时在面包的形状上做点变化，让面包变得更加多样化吧！基本的做法，请参考第42页的山形吐司的做法。

柳橙面包，会散发出酸甜的糖渍橙皮浓浓的香味，既可以直接食用，也可以抹上酸奶油来吃，非常美味喔！红糖面包，则带着浓郁的红糖的芳香，很适合用来制作法式煎吐司，吃的时候，微苦的味道会在口中散发出来！就算只是抹上黄油，这样单纯的吃法也让人回味无穷。

呈现蛤蜊的漩涡状，纹路看起来非常可爱的可可面包，是一种带点苦味的方形面包。塑形的时候，一定要卷得紧密扎实，才能做出漂亮的漩涡喔！

Maple Stick

枫糖棒

这是一种枫糖口味的半硬式面包，可以拿来当做甜点享用喔！

枫糖棒

材料

（约16支的分量）

高筋面粉	250g
砂糖	15g
食盐	4g
脱脂奶粉	5g
蛋	25g
新鲜酵母（速溶干酵母为 4g）	8g
水	125ml
枫糖浆	25g
黄油	15g
核桃仁	50g
细砂糖（装饰用）	适量
蛋液（上光用）	适量
枫糖浆（涂层用）	适量

面包制程数据表

制法	直接法
面筋的网状结构	薄而弱
揉和时间	约20分钟
发酵	温度28℃～30℃发酵约50分钟
中间发酵	无
最后发酵	温度约35℃ 发酵20分钟
烤焙	温度约190℃ 烤焙15～20分钟

所需时间
2小时30分

难易度
★

01 先用手将核桃仁撕碎成约1/4以下的大小。

02 将高筋面粉、砂糖、食盐、脱脂奶粉混合。将新鲜酵母放进另一个搅拌盆里，用水溶解后，加入蛋。混合上述材料。

03 将枫糖浆倒入02的搅拌盆里，再用刮板或抹刀等器具将残留在容器底部的枫糖浆刮下，不要浪费。

04 混合搅拌盆里的材料，到没有多余的水分为止。待混合均匀看不到粉末，可以整合成团时，就移到工作台上。

05 像要拉扯般上下滑动交替地将面团拉扯开。等到油脂类完全混合好，用刮板将粘在工作台的面屑刮下，与面团整合。

06 用手拿着面团上端，将下端摔打在工作台上，再把手上拿着的那端覆盖在摔打的部分上。向右转90°，用此方式揉和。

07 等揉和到质地变得光滑后，就整合成团。然后，用手掌将面团压平，把黄油放在上面，再用四边包裹起来。

08 用手像要拉扯般上下滑动交替地将面团拉开来。等到黄油与面团混合好后，就用刮板整合成团。

09 用与06相同的步骤，以摔打般的方式来揉和面团，直到出现光泽为止。

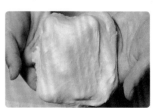

10 切下一小块面团，将面团撑开，若形成图片中面筋的网状结构，就可以进入下一步骤。若破裂，就表示需要再揉和。

11 将面团压平后，把碎核桃仁放在面团上，嵌入面团里。然后，从面团的一端开始卷起，将核桃仁包裹起来。

12 用手掌按压，以这样的方式来揉和面团，到核桃仁与面团混合均匀为止。

13 先在搅拌盆内涂抹一层油脂类，再将塑成圆形的面团放进去，用保鲜膜覆盖，放在温度28℃～30℃处，发酵约50分钟。

14 到时间后，将面团取出，放在撒了手粉的工作台上，用手掌将面团压平成长方形。

15 用擀面棍稍微擀到厚度均匀。擀的时候，请边擀薄，边将核桃仁压碎。

16 擀薄的宽度要配合烤盘的宽度。此制作范例使用的是35cm宽的烤盘，所以，就擀成约60cm×35cm大小。由于面团擀薄后，会再缩回来，所以，请用擀面棍重复多擀几次。

17 用刀子以压的方式，将擀薄的面皮切开来。

18 先将面皮切成2等份，再分别切成2等份，再次分别切成4等份的长条形。最后，就变成了16等份。

19 将其中的8个长条形放在铺了烤盘纸的烤盘上，进行最后发酵。如烤盘上无法同时排列16个长条形，可以分成2次进行。

20 最后发酵完成后，用毛刷将蛋液涂满表面，以约190℃的烤箱，烤焙15～20分钟，到质地变得硬脆。

21 如果使用的是电烤箱，不容易烤到硬脆，可以用160℃，比做法中规定的烤焙时间多烤约10分钟，干烤即可。

22 烤好后，要立刻用毛刷将枫糖浆涂抹在表面。

23 虽然这样就很美味了，如果担心枫糖浆会黏手，可以再用茶滤网将细砂糖撒在表面，吃起来就比较方便了。

24 抖搂掉多余的细砂糖。

干果与种子

面包里加入了干果，不仅可以增进食欲，还可以增添浓郁的芳香。

榛果

原产于西南欧。一般市面上售卖的是带皮的完整颗粒或切片的产品，而且大多烘烤后加了食盐。

杏仁

上图为完整颗粒的产品。其他还有切片或粉末状等，各种形状的产品在市面上都有售。

腰果

原产于中南美，漆树科常绿大乔木腰果树的种子。用来制作面包时，先烘烤过再用，吃起来就会芳香浓郁。

开心果

原产于西亚。成熟时，外壳会裂开来。如果还带着薄皮，可以用滚水烫过再剥皮的方式来处理。不过，市面上售卖的产品大都已经事先处理过了。

椰子

原产于亚热带。用来制作面包的是将椰子的果肉削切过，再经干燥处理而成的丝状或粉末状的产品。

干果与种子，是可以增添面包香味与口感的食材。

干果与种子类，正确的说法，其实是一种果实。它在果实类当中被归类到食用部分为种子，称之为"壳果"的族群。干果或种子，由于含有丰富的维生素B群和维生素E以及矿物质，所以营养价值很高。制作面包时，如果混合了这类食材，它原本就具有的芳香与口感，就会充分地发挥出来。因此，可以说是制作面包或糕点时经常用到的食材。

将干果或种子混合在面包里时，分量请不要高于粉类量的30%。原因就在于加入的分量如果太多了，就会因此而难以发酵或降低面团的黏度从而无法膨胀得很好。

此外，购买干果或种子时，只要购足预计会使用到的分量即可。因为这类食材氧化的速度很快，非常容易变质。如有剩余，请放进密闭的瓶罐等容器内，放置在阴凉处，妥善保存。

3种贝果

这是一种发祥于以色列，由犹太民族传承下来的面包，嚼劲十足。

葡萄干

核桃仁

原味

贝果

材料

（约5个的分量）

Ⓐ	法式面包专用粉（乌越制粉）	
	……………………	225g
	黑麦粉 ……………………	25g
	砂糖 ……………………	13g
	食盐 ……………………	5g
	起酥油 ……………………	5g
新鲜酵母…5g(速溶干酵母为2g)		
水……………………		140g

面包制程数据表

制法	直接法
面筋的网状结构	厚而弱
揉和时间	约15分钟
发酵	温度28℃~30℃
	发酵30分钟
中间发酵	无
最后发酵	温度约35℃
	发酵30~40分钟
烤焙	温度约220℃
	烤焙约15分钟

所需时间
2 小时

难易度
★★

01 将新鲜酵母溶解后放进装有Ⓐ材料的搅拌盆里，混合到没有多余的水分后，移到工作台上，以拉扯般的方式混合。

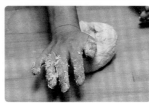

02 等混合到硬度均匀后，就用刮板整合成团，再用手掌往前推压，以这样的方式来揉和，直到面团变得光滑为止。

03 切下一小块面团，将面团撑开，若形成图片中面筋的网状结构，就可以进入下一步骤。若破裂，就表示需要再揉和。

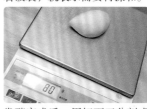

04 发酵完成后，用切面刀分割成80g重的小面团。

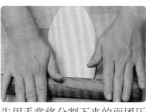

05 先用手掌将分割下来的面团压平，再用擀面棍力道均匀地上下滚动，擀成椭圆形。

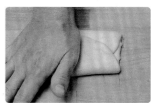

06 将椭圆形的面团上下部分各折1/3后，再对折。然后，将收口处贴紧粘好。

07 再用两手将已塑成棒状的面团搓成约25cm的长度。若工作台因干燥而太滑，可用布将工作台蘸湿。

08 用擀面棍将左端擀成汤勺状。另一端则搓得细一点。此时，就要开始进行烤箱预热了。

09 将棒状的面团围成一圈，用左前端宽的部分将右前端包起来，收口处捏紧。放在铺了布的烤盘里，进行最后发酵。

10 放进沸腾过已经稳定下来的热水中约1分钟。沥干后，立刻排列在铺了烤盘纸的烤盘里，用烤箱烤焙。

葡萄干贝果

材料

（约6个的分量）

法式面包专用粉（乌越制粉）	
	225g
A 黑麦粉	25g
砂糖	13g
食盐	5g
起酥油	5g
新鲜酵母 …5g（速溶干酵母为2g）	
水	140ml
葡萄干	70g

面包制程数据表

制法·直接法/面筋的网状结构·厚而弱/揉和时间·约15分钟/发酵·温度28℃~30℃发酵约30分钟/中间发酵·无/最后发酵·温度约35℃发酵30~40分钟/烤焙·温度约220℃烤焙约15分钟

所需时间	难易度
2 小时	★★☆

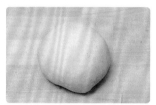

01 参考第62页的01~03，揉和面团。图片中为揉和好的面团的状态。

02 将面团压平，把葡萄干放在上面。放的时候要稍微按压葡萄干，让它嵌入面团里，才不会散开。

03 将已放了葡萄干的面团像要折叠般地卷起，再用手掌以向前按压的方式来稍加揉和。

04 等到葡萄干与面团混合均匀后，放到搅拌盆里，用保鲜膜覆盖，以28℃~30℃的温度发酵约30分钟。

05 发酵完成，将面团分割成80g，用擀面棍擀成椭圆形。用与左页的步骤09相同的方式塑形，进行最后发酵。

06 放进已沸腾过，稍微稳定下来的热水中约1分钟，水煮两面。等到表面开始起皱时，将贝果从热水中捞起了。

07 从热水中捞起后，要将水充分沥干，再排列在铺了烤盘纸的烤盘上，用约220℃烤焙约15分钟。

运用篇

核桃仁贝果

材料

（约6个的分量）
面团的材料与第62页相同
核桃仁…………………… 70g

做法

❶从开始到揉和完成为止的步骤，请参考左边的做法说明。
❷揉和到核桃仁与面团完全混合均匀为止。
❸放进搅拌盆里，用保鲜膜覆盖，进行发酵。然后，分割成80g重的小面团。塑形成圆圈的形状（所有的步骤请参考左边及左页的做法说明）。
❹最后发酵完成后，水煮，再烤焙。

将核桃仁放在面团上，折叠起来。若是先用手将核桃仁掰成碎块，就会比较好揉和了。

揉和时，用手掌像要往前推压般地揉和。此时，核桃仁的尖端可能会碰到手掌，而觉得痛，就请稍微忍耐一下喔！

由于面团里有核桃仁，围成圆圈时就有可能会断掉。所以，碰到这种情况时，要边整形，边随时修补才行。

淀粉的糊化与固化是如何让贝果产生有嚼劲的口感的?

贝果的口感有什么样的秘密呢?

何谓贝果里淀粉的糊化和固化?

即使用烤箱烤,也不会再继续膨胀了。

再用烤箱加热后,就会固化,不会再继续膨胀了。

水煮

面团吸收了水分后,里面的淀粉就会逐渐变得稠稠的。

糊化的淀粉,固化后,就会变成有嚼劲的口感了。

此时,贝果特有的嚼劲就产生了。冷却后,如果再用烤箱加热,它的嚼劲就会再次恢复。

淀粉糊化

淀粉的糊化是从温度约55℃时开始,到85℃时结束。由于沸水的温度大约在100℃,这就表示水煮好的面团,糊化已经结束了。

日常生活中常见的淀粉糊化现象

白酱汁

面粉先用黄油炒过,表面就会被油包裹起来,而不会产生黏性。充分地炒过,也可以防止结块情况的发生。

日本片栗粉

用水溶解后,再加热,就会变得浓稠。关火后再加入,就是因为要让温度不至于超过淀粉糊化完成的85℃。

米饭

白米与水一起加热后,就会变成膨胀起来的白米饭。这就是一个非常简单的糊化现象的例子。

方便面

将已糊化的淀粉急速干燥后密封包装而成。注入热水后,糊化的淀粉吸收了水分,就会变得很好吃了。

贝果有嚼劲的口感,就是源自于淀粉。

米饭、面粉的主要成分就是淀粉。淀粉与水一起加热后,淀粉就会膨胀,变成糊状般具有黏着性的物质。这就称之为糊化。若是再继续加热,水分就会蒸发,淀粉就会凝固。这就是固化。

其实这样的状态,在各式各样的料理中,经常可以见到。举例来说吧!用日本的片栗粉来勾芡,就是一种利用淀粉糊化的例子。制作白酱汁时,会先用黄油来炒面粉,这样一来,面粉就会被油脂包裹起来,之后与牛奶混合时,黏性就减弱不会过大了。

贝果,就是用热水来加热,让吸收了水分的面团糊化。然后,立即烤焙,使淀粉固化。因此,这种有嚼劲的独特口感就这样产生了!

第三章
软式面包

各式各样的软式面包

搭配不同分量比例的辅料，就可以变化出各式各样的面包！

将脱脂奶粉、黄油、砂糖、蛋等辅料，加入粉类、酵母菌、食盐、水与面包的基本材料里，就可以做出柔软的面包了。

软式面包中，有的是像点心一般的面包，吃起来的口味很接近甜点；有的则是像吐司或英式玛芬，适合当做餐点或用来制作三明治。这些面包之所以会有口感上的差异，主要是因为辅料在面包中含量的不同。

若是将2%~8%的砂糖、6%~10%的油脂类加入基本材料里，就可以制作出像吐司或英式玛芬等外皮与内部质地分明的面包。

然而，如果面包中含有相当于粉类比例的10%~50%的油脂类、5%~20%的砂糖，就会变成皮力欧许（英Brioche）、奶油卷（英Butter Roll）等浓厚口味的面包了。另外，借助塑形或加入其他辅料，还可以变化出更加多样化的面包喔！

软式面包大致上可分为2类

折叠面团的软式面包

可颂、丹麦面包等，是用面团将黄油折叠包裹起来所制成的。由于使用了相当于粉类分量50%的黄油，所以，可以做出类似派般酥脆而浓厚的口感。制作这类面包时，请注意不要让面团里的黄油融化了，要保持在低温的状态下，进行面团折叠的作业。然后，以稍高的温度来烤焙，就可以烤得酥脆而美味。

使用大量辅料的软式面包

吐司、英式玛芬等，就是将少量的辅料加入基本面团里混合所制成的。皮力欧许（法Brioche）、甜味卷（英Sweet Roll），则是含有大量油脂类与砂糖，口味浓厚的面包。若是加入大量的辅料，会变得难以揉和，酵母的繁殖力也会变弱。此时，就必须加长揉和的时间，或增加酵母菌的量等，针对不同的状况来做适度的调整。

面团的成分

(基本面团) + (辅料)

面粉
新鲜酵母
食盐
水

脱脂奶粉
砂糖
油脂（黄油等）
蛋
夹层用油脂等

面团的成分

(基本面团) + (辅料)

面粉
新鲜酵母
食盐
水

脱脂奶粉
砂糖
油脂（黄油等）
蛋等

种类繁多的变化。

种类繁多的变化。

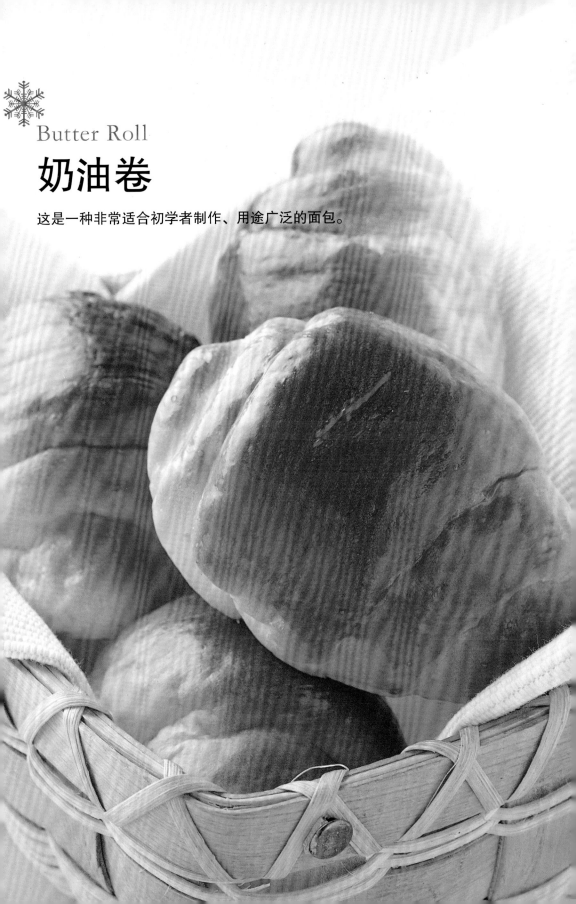

Butter Roll

奶油卷

这是一种非常适合初学者制作、用途广泛的面包。

奶油卷

材料

（约12个的分量）

┌高筋面粉（Super King）…		
		200g
低筋面粉	……………	50g
Ⓐ 砂糖	……………	25g
食盐	……………	4g
└脱脂奶粉	……………	10g
水	……………	130ml
新鲜酵母……………		
	10g(速溶干酵母为4g)	
蛋	……………	40g
黄油	……………	40g
蛋液（上光用）…………		适量

面包制程数据表

制法	直接法
面筋的网状结构	薄而坚实
揉和时间	约30分钟
发酵	温度28℃~30℃
	发酵50分钟
中间发酵	15分钟
最后发酵	温度约35℃
	发酵约60分钟
烤焙	温度约220℃
	烤焙10~12分钟

所需时间
3 小时

难易度
★★☆

01 将材料Ⓐ放进搅拌盆里。将水、新鲜酵母、蛋放进另一个搅拌盆里混合。混合这两个搅拌盆里的材料。

02 用手指竖着在搅拌盆里混合，到没有多余的水分为止。混合好后，可以整合成团时，就移到工作台上。

03 用手上下滑动般地推压。等到整体硬度变得均匀后，就用刮板边将粘在工作台或手上的面屑刮下来，边整合成团。

04 用手将面团从下面的部分向上提起来。由于面团会粘在工作台上，所以，拿起时要用手将面团整合在一起。

05 将拿起后面团的下端部分摔打在工作台上，再把手上拿着的那端覆盖在摔打的那部分上，以这样的方式来揉和面团。

06 摔打，覆盖后，再转90°，再以相同的摔打覆盖的动作，继续揉和，到面团变得光滑为止。

07 揉和约15分钟后，切下一小块面团，检查面筋的网状结构状态。若能够撑开成图片中的膜，就可以进行下一个步骤。

08 将面团压平，把黄油放在上面，再用四边包裹起来。

09 上下滑动拉扯面团。待油脂类混合，用刮板将粘在工作台上的面屑刮下来与面团整合。用与步骤06相同的方式揉和约15分钟。

10 切下一小块面团，检查面筋的网状结构状态。若可以撑开成像图片中般的膜，就可以放进已涂抹上油脂的搅拌盆里，用保鲜膜覆盖，进行发酵。

11 发酵完成后，将面团取出，放在撒了手粉的工作台上。

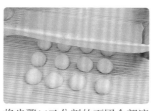

15 将步骤14已分割的面团全部滚圆。然后，用塑胶袋覆盖，在工作台上进行中间发酵。

20 将面团放在铺了烤盘纸的烤盘上，面团间要留1个面团大小的空间，以这样的状态进行最后发酵。

12 先将已膨胀变圆的面团切成棒状。这样要分割时，就比较容易了。

16 将收口处朝上，先用手掌压平，从上下各折起1/3，然后，再对折，整理成棒状。

21 用毛刷将蛋液涂满面团表面，用约220℃的烤箱，烤焙10~12分钟。

13 分割约40g重的小面团。分割后还剩余不足40g的面团时，就再均分到已分割好的面团上。

17 只滚动面团的右端，让它变细，成为水滴状。将所有的面团都以同样的方式整理好后，静置约5分钟。

Q&A

Q 为什么无法顺利将面团滚圆？

A 如果将面团的两端往下拉，像在对折般，然后，将方向转90°，再对折，以这样的方式来进行，就比较简单了。

最后，用手抓紧收口处，面团就变圆了。

Q 为什么无法整形成漂亮的卷形？

A 首先，请确认用擀面棍擀薄时，厚度是否均匀一致。此外，卷起时，如果太用力了，就会压扁面团。

14 用左手滚圆时，要将手弯曲成像猫爪的姿势，把面团包起来，轻轻地夹在指尖与工作台之间，以这样的状态来旋转面团。借着面团的边缘被回卷的方式，将面团滚圆。

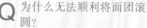
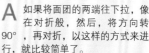

18 将收口处朝上，先用手掌压平，然后，边轻轻拉着较细的那端，边用擀面棍擀成20cm的长度。

19 将面团较宽的那端稍微折弯，做成中心轴，再用左手拉着较窄的那端，一路卷到底。然后，捏紧末端，封好。

太用力卷时的失败范例。

制作面包时不可或缺的酵母菌

面包之所以被称为是"活的"，就是因为面包里有酵母在生存繁殖的关系。

酵母菌居然是细菌的亲戚？！

菌类

原核菌类

真核菌类

病毒、细菌等，都属于此类。纳豆菌、乳酸菌也被归类于此。

草履虫等真核生物、酵母菌等真菌、藻类等，都属于此类。

干酵母

新鲜酵母

速溶干酵母

制作面包用的酵母有3种。一是纯粹培养的面包用酵母，经压缩后所制成的新鲜酵母；二是制造新鲜酵母时，干燥而成的颗粒状干酵母；最后就是不需要预先发酵的干酵母——速溶干酵母。

不同的酵母，用途各异。

速溶干酵母

 特征 不需要预先发酵，可以直接加入材料中的酵母。只要使用新鲜酵母1/3～1/2的量，就可以了。

 适用的面包 适合用来制作所有的面包。不过，由于有加糖面团与无糖面团两种，切记必须区分使用。

干酵母

 特征 新鲜酵母经热风干燥后，所形成的颗粒状酵母。使用时，需要用约40℃的水来复原，进行预备发酵。

适用的面包 由于烤好的面包会散发出浓郁的香气，所以，特别适合用来制作法式面包等硬式面包。

新鲜酵母

 特征 由于是直接压缩新鲜细胞而制成，使用时只要用水溶解即可。新鲜酵母对温度和空气等非常敏感，开封后，不使用时一定要密封好，冷藏保存。

适用的面包 适用于所有种类的面包，尤其适合用来制作砂糖含量高的面团或折叠面团等。

发酵，就是由酵母菌释放的二氧化碳所产生的现象。

酵母菌是面包发酵时不可或缺的一个要素。酵母菌在活着的时候会不断地分裂，但是，与面包的面团混合到一定程度后，就会进入缺氧的状态，而无法再分裂。此时，它就会开始发酵，以继续生存。

酵母菌在30℃～40℃的温度下，特别活跃，会将面团里的蔗糖或淀粉分解成果糖或麦芽糖，以制造养分。而在这样的分解过程中，就会释出二氧化碳、香味成分。这就是"发酵"。面筋的网状结构就像是气球般，可以留住这些二氧化碳，而孔径越细小，就可以锁住越多的二氧化碳，而使面包可以膨胀得更松软。

发酵的过程会持续进行到面团进行烤焙时，只有温度升高到淀粉会固化的60℃以上，才会停止膨胀。

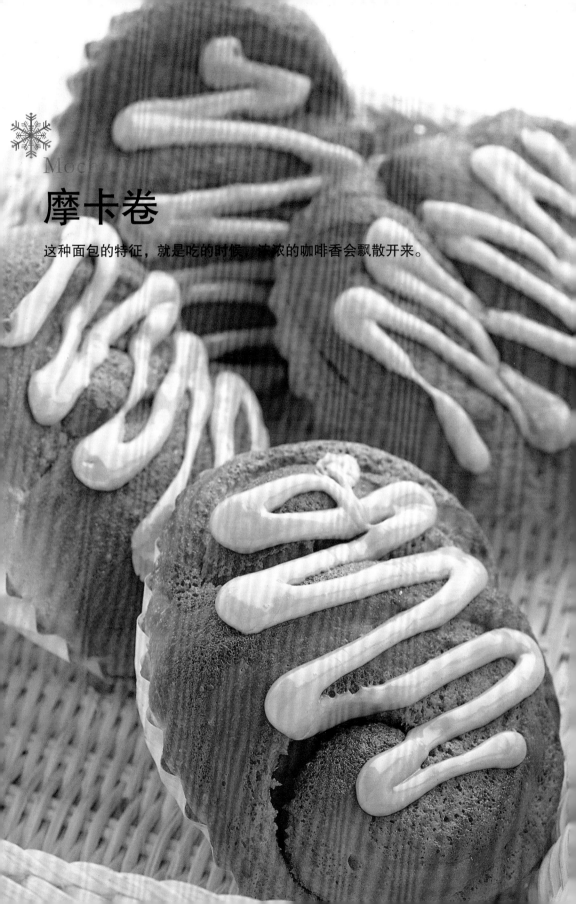

摩卡卷

这种面包的特征，就是吃的时候，浓浓的咖啡香会飘散开来。

摩卡卷

材料

（约8个的分量）

高筋面粉	250g
砂糖	30g
食盐	4g
脱脂奶粉	13g
速溶咖啡粉	3g
蛋	50g
新鲜酵母	8g（速溶干酵母为4g）
水	140ml
黄油	50g
蛋液（上光用）	适量

咖啡奶油馅的材料

黄油	40g
砂糖	40g
蛋	40g
杏仁粉	38g
速溶咖啡粉	2g

风冻的材料

风冻（Fondant，又称翻糖）	300g
速溶咖啡粉	适量
糖浆（水：砂糖＝1：1）	适量

面包制程数据表

制法	直接法
面筋的网状结构	薄而稍微坚实
揉和时间	约30分钟
发酵	温度28℃～30℃ 发酵约60分钟
中间发酵	15分钟
最后发酵	温度约35℃ 发酵约50分钟
烤焙	温度约220℃ 烤焙约12分钟

所需时间
3 小时 30 分

难易度
★★☆

咖啡奶油馅的做法

1 将恢复成常温的黄油放进搅拌盆里，再加入砂糖，用搅拌器混合。

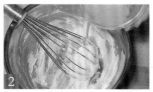

2 将蛋一点点地加入混合。如果一次全加入，就会产生油水分离现象。

3 将杏仁粉加入**2**的搅拌盆里，用搅拌器充分混合。

4 等混合成乳状时，就加入即浓咖啡粉，用搅拌器混合。

5 咖啡粉混合好后，就完成了。

01 将高筋面粉、砂糖、食盐、脱脂奶粉放进搅拌盆里，再加入速溶咖啡粉。

02 新鲜酵母用水溶解后，与蛋混合，再加入01的搅拌盆里，用手指混合到没有多余的水分为止。

03 混合好后，就移到工作台上。用刮板仔细地刮下粘在手上、搅拌盆里的面屑，与面团整合在一起。

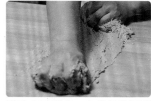

04 用手上下滑动，交替地推压面团。等到整体硬度变得均匀后，用刮板将粘在工作台上的面屑刮下，与面团整合。

05 用与第20页相同的方法来揉和面团。由于此时的面团非常柔软，所以，至少必须持续揉和约15分钟才行。

06 面团变光滑后检查面筋的网状结构状态。若可以拉开成薄薄的一层，就将面团压平，把黄油放上，用四边包裹起来。

11 将面团取出，放在撒了手粉的工作台上，用手将面团压平，然后，将面团从四边折起1/3，做成四方形。

16 先从中间切成2等份，再各切成4等份，总共变成8等份。

07 用手像要拉扯般上下滑动交替地将面团拉开来，等到变成均匀的硬度时，就用刮板整合成团。

12 将收口处朝下，用塑胶袋覆盖，进行中间发酵。

17 在切开的面团上，纵向地划上切口，小心不要完全切断。

08 再次揉和。虽然面团很柔软，容易粘在工作台上，切勿因此撒上手粉等粉类，继续揉和约15分钟。

13 在工作台上撒上手粉，将面团擀成纵向30cm×横向40cm的大小。

18 准备好容器，将面团慢慢地拿起，切口朝上，斜放进去，整理成像2个圆圈稍微错开相叠在一起的形状。

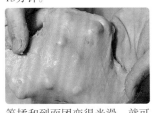

09 等揉和到面团变得光滑，就可以检查面筋的网状结构状态。若撑开成像图片中般的膜，就可以进入下一步骤。

14 用刮板或抹刀将已事先做好的咖啡奶油馅，厚度均匀地涂抹上去。

19 用手指将面团在容器内压摊开来，然后，排列在烤盘上，进行最后发酵。

10 先在搅拌盆内涂抹上油脂，再将面团放进去，用保鲜膜覆盖，放在温度28℃~30℃的地方，发酵约60分钟。

15 从上端开始一点点地卷起。因为面皮很柔软，所以，卷的时候要一点点慢慢地卷，不要一下子就卷完。

20 涂抹蛋液后用约220℃的烤箱，烤12分钟。冷却后，将混合了速溶咖啡粉的风冻挤到摩卡卷表面。

面包（Bread）与卷（Roll）有何不同？

这两个大家平常用惯了的名称，到底分别指的是什么呢？

这就是面包（Bread）

重量约225g以上者称之为面包（Bread）。本书将切片吐司类、传统面包（Pain Traditionnel），以及红酒面包（Wine Bread）等，体积比较大的类型都归类为面包。

山形吐司(White Pan Bread)

番茄面包（Tomato Bread）

芙罗肯布洛特(Flockenbrot)

这就是卷（Roll）

卷（Roll），不单是指为卷状的面包。凡是重量在225g以下者，全都被称之为卷。例如：奶油卷（Butter Roll）、哈密瓜卷（Melon Roll）、贝果（Bagel）等，都属于此类。

摩卡卷（Mocha Roll）

甜味卷(Sweet Roll)

虎皮卷(Tiger Roll)

依重量大小来区分的面包名称。

面包，在英文中被分为面包（Bread）与卷（Roll）两种，到底为什么会有这样名称上的区分呢？

其实，这是美国与英国的区分方式。因为在这两个国家里，人们将面包重量1/2磅（约225g）以上者称之为面包（Bread），而重量小于1/2磅的称之为卷（Roll）。

以重量来区分面包名称的，不止有英国与美国。在法国与德国，甚至还有更详细的区分方式。像在法国，传统面包（Pain Traditionnel，法式面包）是依重量、长度、表面上割划纹路的方式等来区分的，各有不同的名称。在德国，大型的面包称之为Brot，小型的面包则称之为Brotchen。

Pain au lait

牛奶面包

这是一种带着浓浓的牛奶香甜味、充满怀旧气息的点心面包。

牛奶面包

材料

（约10个的分量）

牛奶	125g
新鲜酵母	
	10g(速溶干酵母为4g)
蛋	50g
法式面包专用粉（乌越制粉）	
	250g
砂糖	38g
食盐	5g
黄油	63g
装饰糖粒（装饰用）	适量
细砂糖（装饰用）	适量
蛋液（上光用）	适量

面包制程数据表

制法	直接法
面筋的网状结构	薄而稍微坚实
揉和时间	约30分钟
发酵	温度28℃～30℃
	发酵约60分钟
	压平排气后30分钟
中间发酵	15分钟
最后发酵	温度约35℃
	发酵50分钟
烤焙	温度约210℃
	烤焙10～12分钟

所需时间
3 小时 30 分

难易度
★★☆

01 将牛奶放进搅拌盆里，再加入新鲜酵母，用搅拌器溶解混合。

02 将法式面包专用粉、砂糖、食盐放进其他的搅拌盆里，把蛋加入01的搅拌盆里，再与前者混合。

03 将手指以竖着的姿势，混合搅拌盆里的材料，到没有多余的水分为止。混合好后，移到工作台上。

04 用手上下滑动交替地按压面团。等到整体硬度变得均匀后，用刮板将粘在工作台上的面屑刮下，与面团整合。

05 先摔打，再覆盖，然后方向转90°，再次摔打覆盖，以这样的动作来揉和，直到面团变得光滑为止。

06 面团变得光滑后，就可以检查面筋的网状结构状态。可以形成像图片中般的薄膜时，就可以进入下一个步骤。

07 先将面团压平，再把黄油放到面团上，用四边的面团包裹起来。

08 用步骤04的方式，使劲地将面团往上下拉扯。等到面团与黄油混合好后，用刮板整合成团。

09 用步骤05的方式，再次揉面团。虽然面团很粘手，但要耐心地揉和，切勿撒上手粉。

10 检查面筋的网状结构状态。若可以撑开图片中的薄膜，即放进涂抹上油脂的搅拌盆里，用保鲜膜覆盖进行发酵。

11 发酵60分钟后，将面团取出，放到已撒上手粉的工作台上，用手掌由中心往外轻压，进行压平排气。

16 面团全部滚圆后，用塑胶袋覆盖，进行中间发酵。

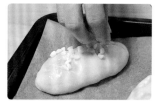

21 在切口与切口间，撒上装饰糖粒，用约210℃的烤箱，烤10～12分钟。

12 将面团压平，从四边各折起1/3。然后，将收口处朝下，再次发酵约30分钟。

17 中间发酵完成后，用手掌压平让面团里的二氧化碳排出。将面团折成3折，再做成棒状，把收口处理捏紧。

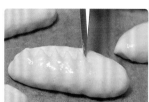

22 如果想让切口多点变化，可以让剪刀稍微横倾，剪成7～8个前端为V字形的切口。

13 到时间后，将面团取出，放到已撒上手粉的工作台上，先用切面刀切割成棒状。

18 用手掌滚动面团的两端，让两端变得细一点。

23 将细砂糖撒在切口与切口间，用与步骤21相同的方式来烤焙。

14 分割成50g的小面团。依照材料表的分量来制作，约可分割成10个。若剩余就再均分到已分割好的小面团上。

19 排列在烤盘上，进行最后发酵。因为发酵时会膨胀起来，排列时间隔要大一点，1个烤盘只排列约5个就好。

Q&A

Q 如果面团粘在剪刀上了，该怎么办？

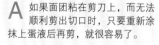

A 如果面团粘在剪刀上，而无法顺利剪出切口时，只要重新涂抹上蛋液后再剪，就很容易了。

15 把面团包起来，以逆时针方向旋转面团，滚圆。如果觉得很困难，也可以用手抓着面团的两端，以往下折的方式来滚圆。

20 发酵完成后，用毛刷涂抹上蛋液。然后，用剪刀剪出4～5道切口。

重点就是剪的动作要快。

简易的面团滚圆法

如果您无法运用工作台与手顺利地滚圆，可以尝试以下方法！

1 将面团稍微向左右拉开。

2 边将面团的两端拉开，边让前端碰触接合在一起。

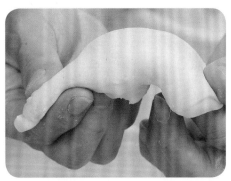

3 然后，将面团的方向转90°，以同样的方式，让前端碰触接合在一起。进行这个动作时，要一点点地拉开，才会做得更好。

4 由于表面会很有弹性地撑开来，此时，要将朝下的那面转成朝上，把收口处捏紧。这样就滚圆了。

滚圆，是为了将面团变得更有弹性的一个步骤。

面团滚圆，可以分成发酵前滚圆与分割后滚圆，在两个不同的阶段中进行。发酵前的滚圆，还能够发挥一个重要的功效，就是可以让刚揉和好、还很粘手的面团，变得更容易处理。

另外，借助发酵前的滚圆，可以使面团的表面挺立，留住酵母菌所释放的二氧化碳。

分割后的滚圆，可以让因发酵而停止延伸的面筋网状结构再度受到刺激，从而做出弹性更佳的面包。

本书中所介绍的滚圆法，都是利用手掌旋转面团的方法来滚圆。其实，滚圆的重点并不在于将形状整理成圆形，而是要让其表面膨胀挺立。如果觉得这样的方法有点难度，可以尝试上面介绍的折叠法，就可以轻易地完成滚圆了。

Sweet Roll

2种甜味卷

酸甜的水果与松软的质地，构成的绝佳组合！

葡萄干

柳橙

甜味卷（葡萄干）

材料

（约8个的分量）

黄油	38g
起酥油	25g
香草精	适量
砂糖	50g
蛋	100g
新鲜酵母	10g(速溶干酵母为4g)
水	50ml
高筋面粉	250g
食盐	4g
脱脂奶粉	13g
朗姆酒渍葡萄干（装饰用）	100g

杏仁奶油馅的材料

黄油	40g
砂糖	40g
蛋	40g
杏仁粉	40g

沙菠萝（Streusel，或称为糖面）的材料

黄油（预先软化备用）	20g
砂糖	20g
肉桂粉	适量
低筋面粉	40g

面包制程数据表

制法	直接法
面筋的网状结构	薄而弱
揉和时间	约25分钟
发酵	温度28℃~30℃
	发酵60分钟
中间发酵	15分钟
最后发酵	温度约35℃
	发酵50~60分钟
烤焙	温度约210℃
	烤焙约12分钟

所需时间
3 小时 30 分

难易度
★★☆

01 将黄油、起酥油放进搅拌盆里，用搅拌器混合后，再加入香草精混合。

02 先将砂糖加入01的搅拌盆里混合，再将1/2量的蛋分成4~5次加入，充分混合，注意不要产生油水分离现象。

03 酵母用水溶解，与剩余1/2量的蛋混合，加入02。将高筋面粉、食盐、脱脂奶粉先混合，再倒入前述搅拌盆里混合。

04 在搅拌盆内，将材料混合到没有多余的水分，可以整合集中时，取出，放到工作台上，以按压的方式来混合。

05 等到整体的硬度变得均匀后，整合成团。然后，拿起面团，像摔打般地揉和。

06 待面团光滑，检查面筋网状结构状态。若可撑开图片中的薄膜，再放进抹了油的搅拌盆，用保鲜膜覆盖进行发酵。

07 发酵完成后，取出，放到工作台上，用手掌压平再从边缘卷起，整理成四角形。用塑胶袋覆盖，进行中间发酵。

08 准备好杏仁奶油馅（参照第35页）与朗姆酒渍葡萄干，备用。

09 面团的收口朝上，放在工作台上，用擀面棍擀成边长30cm的方形。下端部分要留下当做封皮用，所以，要擀薄一点。

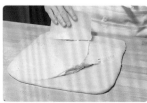

10 用刮板将杏仁奶油馅均匀地涂满面皮。预备作为封皮的3cm部分，不必涂抹。

11　将朗姆酒渍葡萄干由上撒满整个面皮，再稍微按压嵌入。

12　从面皮的上端开始卷起，卷到最后时，让下端的3cm封皮覆盖在上面。收口处要用手指捏紧封好。

13　先切成2等份，再分别切成4等份，总共变成8等份。准备好铝箔杯，切口那面朝上放入。

14　放入后，高度超出了铝箔杯，就用刮板的前端，让面团往横向摊开。然后，放在烤盘上，进行最后发酵。

15　发酵完成后，涂抹上蛋液，撒上沙菠萝（Streusel，参照第35页），用约210℃的烤箱，烤焙约12分钟。

甜味卷（柳橙）

材料

（约8个的分量）
面团的材料与第80页到脱脂奶粉为止相同
果酱（最后装饰用）………适量
风冻（最后装饰用）………适量

柳橙卡士达馅的材料
牛奶……250ml　香草精……适量
蛋黄……3个　砂糖……75g
低筋面粉…25g
橘子果酱（Marmalade）…适量

糖煮柳橙片的材料
柳橙…………………………1个
砂糖………………………150g
水…………………………300ml

面包制程数据表

制法·直接法/面筋的网状结构·薄而弱/揉和时间·约25分钟/发酵·温度28℃～30℃发酵约60分钟/中间发酵·15分钟/最后发酵·温度约35℃发酵50～60分钟/烤焙·温度约210℃烤焙约12分钟

所需时间	难易度
3小时30分	★★☆

01　参照第80页的01～07、09，用相同的方法制作面团。混合卡士达奶油馅（参照第34页）与橘子果酱，涂抹在面皮上。

02　抹匀后，从面皮的上端开始，慢慢地卷起来。卷到最后时，用当做封皮的部分覆盖在上面，收口处捏紧封好。

03　用刀子切成2等份，再各切成4等份，总共变成8等份。由于面团的质地很柔软，所以，要用手按着切。

04　准备好模型，将面团的切口朝上放入。然后，把面团塑形成横向摊开，排列在烤盘上，进行最后发酵。

05　将蛋液涂抹表面，再摆上糖煮柳橙片（参照第84页），稍微按压嵌入。然后用约210℃的烤箱，烤焙约12分钟。

06　出炉后，用毛刷涂抹上熬煮过的杏桃果酱（参照第35页）。

07　最后，涂抹上风冻（参照第35页），就完成了。

黑樱桃甜味卷

材料

（约8个的分量）

面团的材料与第80页到脱脂奶粉为止相同

黑樱桃	24颗
杏桃果酱	适量
风冻	适量

卡士达奶油馅的材料

牛奶	250ml
蛋黄	3个
香草精	适量
砂糖	75g
低筋面粉	25g
黑樱桃罐头的汤汁	约50ml
蛋液（上光用）	适量

所需时间	难易度
3小时30分	★★☆

面包制程 数据表	制法•直接法/面筋的网状结构•薄而弱/揉和时间•约25分钟/发酵•温度28℃～30℃发酵约60分钟/中间发酵•15分钟/最后发酵•温度约35℃发酵50～60分钟/烤焙•温度约210℃烤焙约12分钟

01 制作卡士达奶油馅。先将牛奶倒入锅内，加热到沸腾。

03 将低筋面粉加入02的搅拌盆里，用搅拌器稍加搅拌混合。

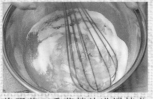

02 将蛋黄、香草精放进搅拌盆里，再加入砂糖，用搅拌器搅拌混合。

04 将01沸腾的牛奶倒入混合。混合均匀后，用滤网过滤。

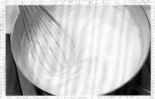

05　倒入锅内，用中火至大火加热。沸腾前，虽然会变硬，但会再慢慢地变软。加热的过程中，要继续混合，以免烧焦。

10　参照第80页，用与步骤01～07、09相同的方式制作面团。然后，将09的卡士达奶油馅均匀地涂抹上去。

15　排列在烤盘上，以这样的状态进行最后发酵。

06　沸腾后，继续加热1分钟。然后，将卡士达移到托盘内，用保鲜膜紧贴覆盖。

11　与第80页的10相同，当做封皮的部分不必涂抹上卡士达，从面皮的上端开始，一点点地卷起来。

16　将黑樱桃从罐头中取出，放在厨房纸巾上沥干，备用。

07　准备好托盘，装入冰水，再将06的托盘叠放上去。这样急速冷却，就可以抑制杂菌繁殖了。

12　卷到最后时，让封皮部分覆盖在上面，用手指将收口处捏紧封好。

17　最后发酵完成后，涂抹上蛋液。如果步骤10的卡士达奶油馅还有剩余，也可以放到上面。

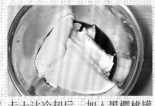

08　卡士达冷却后，加入黑樱桃罐头的汤汁。加入的量约为可以让卡士达稍微变色的程度即可。

13　先用刀子将面团切成2等份，再各切成4等份，总共变成8等份。因为面团很柔软，要用手边压着，边用刀切。

18　将沥干的黑樱桃嵌入面团里，用约210℃的烤箱，烤焙约12分钟。

09　冷却后的卡士达，刚开始时比较硬，要用橡皮刮刀充分混合到质地变得柔滑为止。

14　准备好模型，将面团的切面朝上放入。然后，整理面团的形状，往横向摊开。

19　出炉后，将熬煮过的杏桃果酱（参照第35页）涂抹在整个表面，风冻（参照第35页）则涂抹在边缘。

甜味卷的辅料

甜味卷的必备辅料的做法。

柳橙片的熬煮法

材料

柳橙	1个（切成8片）
砂糖	150ml
水	300ml

做法

将柳橙切成8个圆片，去籽儿。将水放进锅内，溶解砂糖，把柳橙片浸泡在水中，用厨房纸巾当做纸盖，盖在水面上，加热。沸腾后，调成小火，熬煮10～15分钟。

用刀子等剔除柳橙片上的籽儿。

在厨房纸巾的中央，用剪刀剪个洞，当做纸盖来用。

用小火熬煮，注意不要煮到散掉了。

卡士达加味

制作黑樱桃风味的卡士达时，将罐头里剩余的汤汁倒入，用橡皮刮刀充分混合。

制作橘子果酱风味的卡士达时，将恢复成常温的橘子果酱与卡士达混合即可。

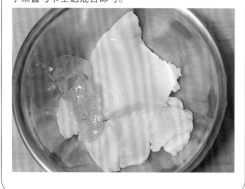

如何将辅料加工得更加美味？

制作甜味卷时，必须用到大量的水果或卡士达奶油馅等辅料。只要稍微下点功夫，就可以让甜味卷变得更好吃喔！卡士达加味，就是指添加了水果的香味或颜色。例如，黑樱桃甜味卷就是将罐头里剩余的汤汁加点到卡士达里，让整体的味道统一，并借此增添风味。熬煮水果就是用糖浆来熬煮，让水果变得更方便处理。如果直接使用新鲜水果，就会因为水分太多，而沾湿了面团。只要稍微多下点功夫，就可以做得更好吃喔！

Brioche

2种皮力欧许

独特的形状，是在模仿基督教教士的外形。

皮力欧许阿提托

材料

（约14个的分量）

法式面包专用粉（乌越制粉）
                          250g

砂糖 ·················· 30g

食盐 ·················· 5g

Ⓐ 新鲜酵母
··· 10g（速溶干酵母为5g）

牛奶 ·················· 63g

蛋 ·················· 125g

黄油 ·················· 125g

蛋液（上光用）·········· 适量

面包制程数据表

制法	过夜法
面筋的网状结构	薄而稍微坚实
揉和时间	35分钟
发酵	温度约28℃
	发酵约90分钟
中间发酵	20分钟
最后发酵	温度约32℃
	发酵约60分钟
烤焙	温度约220℃
	烤焙约12分钟

所需时间
前日 2 小时
当日 2 小时

难易度
★★★

咖啡奶油馅的做法

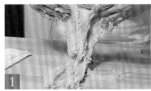

1 将Ⓐ的材料放进搅拌盆里，用手混合。然后取出，放到工作台上，先用按压般的方式混合，再揉和。

2 边确认面筋的网状结构，边揉和。然后，用擀面棍将冷藏的黄油敲平备用。

3 将已敲平的黄油放在面团上，用四边包裹起来。然后，用点力道像要拉扯般地将面团与黄油混合好。

4 将面团撑开，若形成圆片中薄薄一层面筋的网状结构，就可以放进已涂抹上油脂类的搅拌盆里，用保鲜膜覆盖，进行发酵。

5 手粉撒在工作台上，进行压平排气的步骤。然后，将面团放进托盘内，再连同托盘一起装入塑胶袋里，放进冰箱，冷藏15～20小时。

01 取出前日做好的面团，放在撒了手粉的工作台上。用刮板等仔细地刮下粘在托盘上的面屑与面团整合。

02 由于面团很粘手，请先横向对折，用手掌压成长方形。

03 用切面刀切割成约40g重的小面团。如果最后还有剩余不足40g的面团，就均等地分给已分割好的面团。

04 将面团放在左手掌上，用右手滚圆。滚圆时，左手掌整个摊平即可。然后，用塑胶袋覆盖，进行中间发酵。

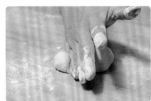

05 将黄油（未列入材料表）涂抹在皮力欧许模内。用手掌再次整理面团形状后，用手指压面团的1/3处，分成头与身体两部分。

06 塑形成像雪人般的形状后，放进皮力欧许模内，用指尖先压出可以将雪人的头嵌入的洞来。

07 用手抓起头的部分，放进身体部分的洞内，压入。同时，让身体的部分紧贴在模内。

08 用手指稍微按压头与身体的连接处，让这两部分粘贴密合。这样做，头部就不会在出炉后脱落了。

09 排列在烤盘上，一个烤盘约放5～7个。以这样的状态进行最后发酵。

10 最后发酵完成后，用毛刷将蛋液涂抹上去，用约220℃的烤箱，烤焙约12分钟。

杏仁皮力欧许

材料

（约14个的分量）
面包的材料与第86页相同
杏仁圆饼面糊的材料
蛋白·······················45g
砂糖·······················50g
杏仁粉·····················40g
低筋面粉···················10g
糖粉（最后装饰用）········适量

面包制程数据表

制法·过夜法/面筋的网状结构·薄而稍微坚实/揉和时间·约35分钟/发酵·温度约28℃发酵约90分钟/中间发酵·20分钟/最后发酵·温度约32℃发酵约60分钟/烤焙·温度约220℃烤焙约12分钟

所需时间	难易度
前日 2 小时	★★★
当日 2 小时	

01 制作杏仁圆饼面糊。用搅拌盆混合蛋白，再加入砂糖混合。

02 先将杏仁粉、低筋面粉放进另一个搅拌盆里混合，再加入01的搅拌盆里，用搅拌器混合。

03 参考第86页的 1 ～ 5 、01 ～ 04 制作面团，用擀面棍擀薄成与铝箔杯约相同大小的圆形。

04 将圆形的面皮放进铝箔杯内，再用叉子在表面上打洞。

05 放在烤盘上，以这样的状态进行最后发酵。

06 最后发酵完成后，就用汤勺将已预先做好的杏仁圆饼面糊舀到面皮上，涂抹好。

07 用茶滤网将糖粉撒在表面，再放进220℃的烤箱，烤焙约12分钟。

面包小常识
运用皮力欧许与可颂面团制作面包

由两种具有代表性的浓厚口味的面团混合而成的面包。

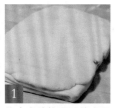

1. 将皮力欧许面团放在已经折叠好的可颂面团上。

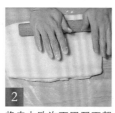

2. 将皮力欧许面团那面朝下放，用擀面棍擀薄。

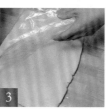

3. 擀薄后，先暂时放进冰箱冷藏。

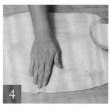

4. 先涂抹上黄油，再撒上肉桂糖。

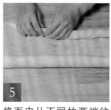

5. 将面皮从不同的两端往中间的方向卷，卷到中心为止。

6. 卷完后，翻过面来。

这种面包看起来像眼镜，造型独特。质地不会像可颂面包那样容易松散开，所以，吃起来很方便，也非常适合用来当做礼物送人喔！

7. 将切割好的面团扭一下，再放进铝箔杯中。

密克司特（Mixte）

材料

可颂面团…………………… 600g
皮力欧许面团………………… 300g
融化黄油、肉桂粉、细砂糖……
……………………………… 适量
蛋（上光用）………………… 适量

做法

❶用擀面棍将可颂面团、皮力欧许面团分别擀薄成纵20cm × 横30cm的大小。
❷先将皮力欧许面皮叠放在可颂面皮上，擀薄成纵30cm × 横40cm大小。
❸放进冰箱冷藏约30分钟后，再用擀面棍擀薄成纵40cm × 横50cm的大小。
❹先将融化黄油涂抹在皮力欧许面皮上，再均匀地撒上肉桂糖。
❺将面皮从上、下两端往中心方向卷。卷完后，将平坦的那面朝上放，用刀子切割成12等份。
❻先在面团中心扭一下，塑形，再放进铝箔杯中。
❼进行最后发酵约60分钟后，涂抹上蛋液，用约220℃的烤箱，烤焙12～15分钟。

由于面团内含有大量的油脂，揉和时要特别小心！

制作密克司特（Mixte）的重点就在于塑形，用擀面棍将两种面团一起擀薄时，皮力欧许面团要放在下面。这是因为与可颂面团比起来，皮力欧许面团即使冷藏过，质地还是很柔软。这样做，就可以将两种面团均匀地擀薄了。

这种面包是由黄油含量都很高的面团所组合而成的，同时兼具了酥脆与松软的质地，还添加了肉桂风味，让人可以品尝到独特的滋味与口感。

Melon Roll

哈密瓜卷

这是一种号称"面包之王"，在日本广受喜爱的面包！

哈密瓜卷

材料
（约12个的分量）

发酵种的材料

新鲜酵母…10g（速溶干酵母为4g）	
水	63g
蛋液	50g
高筋面粉	175g
砂糖	13g

面团的材料

高筋面粉	25g
低筋面粉	50g
砂糖	63g
食盐	3g
脱脂奶粉	5g
黄油	38g
水	45ml

哈密瓜面团的材料

黄油（先软化备用）	56g
砂糖	112g
蛋	60g
低筋面粉	214g
香草精	适量
柠檬表皮	适量
细砂糖（最后装饰用）	适量

面包制程数据表

制法	加糖中种法
面筋的网状结构	薄而坚实（中种不用）
揉和时间	约2分钟（发酵种） 约30分钟（面团）
发酵	温度约28℃发酵约90分钟（发酵种）温度28℃~30℃ 发酵30~40分钟（面团）
中间发酵	15分钟
最后发酵	温度约35℃ 发酵50~60分钟
烤焙	温度约210℃ 烤焙10~12分钟

所需时间
4 小时 30 分

难易度
★★★

发酵种的做法

1 将水放进搅拌盆里，溶解新鲜酵母。然后，加入蛋，用搅拌器混合。

2 先将高筋面粉、砂糖放进另一个搅拌盆里，再把1的搅拌盆里的材料倒入，用手指稍微混合一下。

3 在搅拌盆内，利用搅拌盆的侧面，揉和到硬度变得均匀为止。

4 刚开始揉和时，虽然像图片中一样看起来量很少，但是，经过了接下来的发酵过程后，就会膨胀到2~3倍。所以，请准备较大的搅拌盆来用。

5 揉和到整体硬度均匀后，将面团留在搅拌盆内，放在约28℃的场所，发酵约90分钟。等到面团变得像图片中的样子时，就发酵完成了。

01 制作哈密瓜面团。先将黄油、砂糖放进搅拌盆里，再把蛋分成3次加入混合。柠檬皮、香草精也要加入混合。

02 将低筋面粉加入01的搅拌盆里，在搅拌盆内，用刮板混合到硬度变得相同为止。

03 混合到一定程度后，移到工作台上，用手掌来推压揉和。等到质地变得光滑后，用刮板刮下面屑，将面团整合在一起。

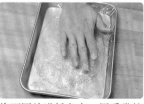

04 将面团放进托盘内，用手掌按压，让面团摊开成与托盘一样的宽度。然后用保鲜膜贴覆盖放进冰箱冷藏60分钟以上。

05 先用刮板在发酵种的中央挖个洞，再把除了黄油之外的所有制作面团的材料放入搅拌盆里，混合到看不到多余的水分为止。

06　混合好后移到工作台上，像要压碎般地上下滑动，混合揉和。待整体硬度变得相同后，用与第20页相同的方式揉和。

07　面团虽然很粘手，切勿使用手粉等，继续耐心地揉和。大约揉和15分钟后，面团就会开始出现光泽了。

08　揉和后，可以切下一小块检查面筋的网状结构状态。若可以撑开图片中一样的膜，就可以进行下一个步骤。

09　先将面团压平，再把黄油放上去，用四边包裹起来。

10　用手像在拉扯般地上下滑动，混合面团。等到硬度变得相同后，就用刮板整合成团。

11　将面团撑开，形成图片中薄薄一层面筋的网状结构，就可以放进搅拌盆里，用保鲜膜覆盖，进行发酵。

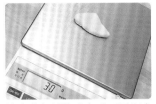

12　将冷藏备用的哈密瓜面团从冰箱里取出，放到工作台上，用切面刀分割成30g的小面团。

13　用两手将哈密瓜面团滚圆。因为之后会进行塑形的步骤，所以，只要先稍微滚圆即可。

14　将发酵完成的面团从搅拌盆里取出，放到已撒上手粉的工作台上，分割成40g的小面团。然后，滚圆，进行中间发酵。

15　用手掌压平面团，让二氧化碳排出，再重新滚圆，用手指捏紧面团的收口处。

16　将哈密瓜面团压成比步骤15的面团还大一圈的形状。然后，把哈密瓜面团覆盖在步骤15的面团上，将二者一起滚圆。

17　将面团表面蘸上细砂糖。先将细砂糖装入容器内，再拿面团蘸，就可以轻易地完成了。

18　排列在烤盘上，用切面刀在表面上刻划出网状的纹路。然后，以这样的状态进行最后发酵，再用约210℃的烤箱烤焙10～12分钟。

Q&A

Q　如果无法顺利地将哈密瓜面团覆盖在面团上，该怎么办？

A　可以用擀面棍将哈密瓜面团擀得大一点。滚圆后，如果从收口处露出的面团约为1元硬币的大小，就是最佳的状态。

可以将1元硬币套入的大小，是最佳状态。

Variation 变换花样
奶油面包

材料

（约12个的分量）
发酵种与面团的材料与第90页相同

卡士达奶油馅的材料

蛋黄	3个
砂糖	75g
低筋面粉	25g
香草精	少许
牛奶	250ml
蛋液（上光用）	适量

面包制程数据表

制法	加糖中种法	发酵	温度约28℃发酵约90分钟（发酵种）温度28℃～30℃发酵30～40分钟（面团）
面筋的网状结构	薄而坚实（发酵种不用）		
揉和时间	2分钟（发酵种）30分钟（面团）	中间发酵	15分钟
		最后发酵	温度约35℃发酵50～60分钟
		烤焙	温度约210℃烤焙10～12分钟

所需时间 4小时30分　难易度 ★★★

01 制作卡士达奶油馅。先将蛋黄放进搅拌盆里，再加入砂糖，用搅拌器充分混合。

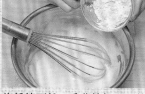

02 将低筋面粉、香草精加入01的搅拌盆里，用搅拌器搅拌混合。将牛奶放进锅内加热。

03 牛奶沸腾后，加入02的搅拌盆里，用搅拌器混合。

04　用滤网慢慢地过滤03，让卡士达质地变得柔细。

05　加热到质地浓稠。虽然刚沸腾时质地会变硬，不过会逐渐地变软。所以整个过程中，要不断地混合以免粘锅烧焦。

06　移到托盘里，用保鲜膜紧贴覆盖。准备另一个托盘，放入冰水，再将前者叠放在上面冷却。

07　冷却后的卡士达会变得像果冻般硬，所以，要再移到搅拌盆里，用橡皮刮刀混合一下，让它稍微软化。

08　在搅拌盆内，稍微混合一下卡士达。

09　先将挤花嘴放进挤花袋前端，扭一下，将挤花嘴往前压，套紧。然后，将卡士达装入挤花袋内。

10　参考第90页的05~11、14的方式制作面团。然后，将分割成40g、已完成中间发酵的小面团用擀面棍擀成椭圆形。

11　用挤花袋将卡士达奶油挤到面团中央稍微靠自己这边的位置上，让每个的总重量（面团加卡士达奶油）为70~80g.

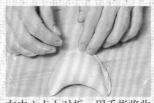

12　在中心点上对折，用手指将收口处压紧，以防奶油被挤漏出来。

13　翻面，在收口处切割3道纹路。然后，排列在烤盘上，进行最后发酵，再涂抹上蛋液，烤焙。

运用篇

豆馅面包

材料

（约12个的分量）
发酵种与面团的材料与第90页相同

粒馅（也可用泥馅）… 480g
罂粟花籽（英Poppy Seed）
………………………… 适量
盐渍樱花………………… 适量
蛋液（上光用）………… 适量

做法

❶参考第90页的05~11、14，用同样的方式制作面团。

❷分割成40g的小面团，经过滚圆、中间发酵后，用手掌压平。

❸左手拿着面团，用汤勺等将豆馅舀到上面。豆馅的量约为40g。

❹像要将馅包在包子里一般，边把豆馅压入，边将面皮包起来。

❺用面皮的四边将包起后的中心点捏紧。然后，将收口部分朝下，排列在已铺上厨房纸巾的烤盘上，进行最后发酵。

❻在表面涂抹上蛋液。

❼将盐渍樱花摆在正中央并压下去，连同盐渍樱花一起埋入面团里。

❽用约210℃的烤箱，烤焙10~12分钟。

最后发酵完成后，用搅拌器的握柄部分或瓶口等，来压面团的正中心点，压入约面团高度的一半深度，就可以了。

面包小常识
利用哈密瓜面团制作巧克力海螺面包
一款怀旧的面点——巧克力海螺面包

巧克力海螺面包

材料

发酵种与面团的材料请参考第90页
牛奶…400ml 砂糖…85g 甜巧克力…50g
玉米粉…40g 可可粉…25g 黄油…15g
白兰地…15ml 蛋液（上光用）适量

做法

❶将牛奶放进锅内加热，在温度上升前先加入巧克力，再加入砂糖、玉米粉、可可粉，边充分混合锅内的材料，边加热到沸腾后，再继续加热1分钟。

❷开火，加入黄油，充分混合后，倒入托盘内，冷却备用。然后，用橡皮刮刀等混合，恢复成柔软的状态后，加入白兰地，再装入挤花袋里。

❸面团的做法，请参考第90页 1~5、01~11。将发酵完成后的面团分割成40g的小面团，再进行中间发酵。

❹将面团用手搓成长约30cm的棒状。

❺先在圆锥模上涂抹起酥油，再将棒状的面团卷上去。卷到末端时，用手捏紧封好。

❻用约35℃的温度，进行最后发酵50~60分钟，再涂抹上蛋液，用约210℃的烤箱，烤焙10~12分钟。最后，将装入挤花袋的巧克力奶油挤到海螺面包里面，填满。

将砂糖、可可粉、玉米粉放进搅拌盆里混合。这样做可以让这些材料轻易地沉入牛奶里，容易混合。

若在变热前将巧克力加入，就不容易产生结块了。

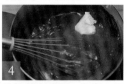
将 1 的搅拌盆内的材料加入牛奶里，迅速混合。

沸腾后，经过1分钟，关火，加入黄油。

放进托盘内，用保鲜膜紧贴覆盖，放凉。

将面团卷在圆锥模上。每个卷上3~4圈最佳。

制作的诀窍，就在于巧克力奶油的做法，及面团塑形时的方法。

建议您不妨利用第90页的哈密瓜卷面团，来制作巧克力海螺面包！首先，特别需备妥的就是圆锥模。制作时的重点在于，巧克力奶油的做法与面团的卷法。还有一点需特别留意的，就是牛奶加热时，若是温度太高了，加入可可粉或玉米粉等就会结块喔！另外，将面团卷在圆锥模上时，要稍微朝上倾斜地卷。卷完后，要用手指捏紧固定，才不会变形。

出炉后，将巧克力奶油挤入面包内填满。挤的时候，不要让巧克力奶油从面包里漏出来。

Croissants

可颂面包

学好基本功，做起来就一点都不难了！

可颂面包

材料

（约10个的分量）

	法式面包专用粉（乌越制粉）	
		250g
	砂糖	30g
Ⓐ	食盐	5g
	脱脂奶粉	5g
	黄油	25g
水		130ml
蛋		13g
新鲜酵母		
	9g（速溶干酵母为4g）	
夹层用黄油		125g
蛋液（上光用）		适量

面包制程数据表

制法	过夜法
面筋的网状结构	厚而弱
揉和时间	约5分钟
发酵	温度28℃~30℃
	发酵40~60分钟
中间发酵	无
最后发酵	温度约32℃
	发酵60~80分钟
烤焙	温度约230℃
	烤焙约15分钟

所需时间
前日 60 分钟
当日 5 小时

难易度
★★★

前日预先制作面团

1 将Ⓐ的材料放进搅拌盆里，将水装入另一个搅拌盆，把新鲜酵母放进去溶解，再加入蛋。然后，混合两个搅拌盆里的材料。

2 混合到搅拌盆里没有多余的水分时，移到工作台上，用按压的方式，将面团混合成均匀的硬度。

3 用手掌以推压的方式来揉和面团。等到面团不会粘在工作台上后，放进搅拌盆里，用保鲜膜覆盖，以28℃~30℃的温度，进行发酵40~60分钟。

4 发酵完成后，从搅拌盆取出，放到工作台上，轻轻地边滚圆，边压平排气。

5 用塑胶袋将面团包好，放进冰箱，冷藏15~20分钟。

01 将手粉撒在工作台上，把夹层用的黄油从冰箱里取出，用擀面棍敲打黄油的两面，敲成平坦的正方形。

02 若是黄油在敲平的过程中融化了，就要暂停放进冰箱里冷藏。等敲平到一个程度后，就用擀面棍擀薄成20cm的正方形。

03 将手粉撒在工作台上，从冰箱里取出前日已预先做好的面团，放在台上，用擀面棍力道均匀地擀薄成25cm的正方形。

04 将黄油错开45°角，叠在面团上，再用四边的面团紧密地包裹住黄油，用手指捏紧收口处。

05 用擀面棍将04的面团擀薄。若在此过程中黄油融化了，要先中断，用塑胶袋包好放进冷冻库里冷藏。

06　用擀面棍力道均匀地将正反两面都擀薄成横20cm×纵50cm的大小。动作一定要快，防止黄油融化。

07　第1次折叠：先折成3折。然后，用塑胶袋将面团包好，放在托盘上，放进冰箱冷冻30分钟。

08　再用擀面棍擀薄。将折起面团的边缘朝右放，用擀面棍从中央分别往上、往下擀成均匀的厚度。正面擀好再擀反面。

09　擀时，若黄油从面团里渗漏出来，就要暂停，放进冷冻库冷藏。最后，擀成横20cm×纵50cm的大小。

10　第2次折叠：擀成横20cm×纵50cm的大小，将面团折成3折，用擀面棍擀成均匀的厚度后，再用塑胶袋包起来。

11　用塑胶袋包好后，放到托盘内，再放进冷冻库冷藏约30分钟。

12　再度擀薄。在工作台上撒上手粉，将面团折起的边缘朝左放，先用擀面棍在表面上稍微擀一下。

13　再度擀薄成横20cm×纵50cm的大小。然后，进行第3次折叠：折成3折后，用塑胶袋包好，再度进行步骤11。

14　用擀面棍擀成横18cm×纵60cm的大小。如果擀时延长性变差了，比照步骤11，暂时放进冷冻库冷藏。

15　放进冷冻库冷藏20~30分钟。到能够擀薄成横18cm×纵60cm的大小，可以进行2~3次擀薄、冷藏的作业。

16　用擀面棍稍微擀过，整理成横向18cm×纵向60cm的形状。然后，将面皮朝横向放，用刀子切成底边约10cm的三角形。

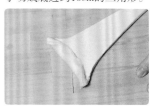

17　将三角形的底边稍微往上翻起按压，做成卷轴，轻轻拉着顶端，往上卷。

18　卷到一半时，用两手撑着两端，迅速地卷完。塑形时需特别留意，如果时间拖太久，黄油就会融化！

19　若塑形漂亮，从面皮侧面可看到黄油的层次。请留意塑形过程中若黄油融化渗出，烤焙好后的形状就会塌陷！

20　排列在已铺了烤盘纸的烤盘上，进行最后发酵。发酵完成后，涂抹上蛋液，用约230℃的烤箱烤焙约15分钟。

巧克力面包/ 核桃仁可颂

材料

（4个巧克力面包、6个核桃仁可颂的分量）
面团的材料与第96页相同
蛋液（上光用）………… 适量

巧克力面包的材料
巧克力（棒状）………… 8支

核桃仁可颂的材料
核桃仁（烤过）………… 50g
风冻（又名翻糖）………… 25g
黄油………………………… 15g
核桃仁……………………………
… 6个（表面装饰用，不用烤过）

面包制程数据表

制法	过夜法	最后发酵	温度约32℃
面筋的网状结构	厚而弱		发酵60~80分钟
揉和时间	约5分钟	烤焙	温度约230℃
发酵	温度28℃~30℃		烤焙约15分钟
	发酵40~60分钟		
中间发酵	无		

所需时间	难易度
前日 60 分钟	★★★
当日 5 小时	

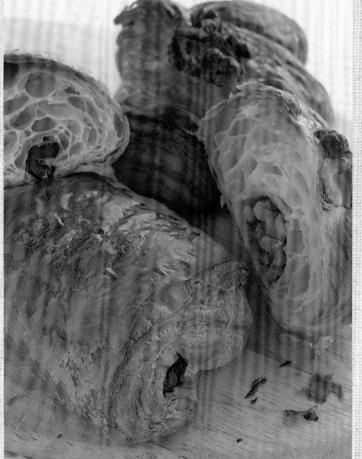

01 参考第96页 1~5、01~15制作面团。用刀子将18cm×60cm的面皮切成横20cm与40cm，比例为1：2大小的两块。

02 将20cm×18cm的面皮用来制作巧克力面包，用擀面棍擀成横20cm×纵24cm的大小。

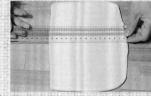

03 将18cm×40cm的面皮用来制作核桃仁可颂，用擀面棍擀成18cm×45cm的大小。

04　将这两块面皮放在塑胶袋上，用剩余部分的塑胶袋覆盖住面皮，把两块面皮叠放在一起，再放进冰箱冷藏20~30分钟。

09　取出04冷藏过的面皮，将用来制作巧克力面包用的那块，再度用擀面棍擀成宽24cm×长20cm的大小。

14　将面皮横放，用刀子切成底边为10cm的三角形，约可切成6块。

05　趁着这段时间，进行核桃仁可颂的前置准备作业。先用手将风冻揉捏到变软，再撕成适度的大小，放进搅拌盆里。

10　用刀子将面皮分割成4等份。面皮会稍微缩水，变成1块约9cm×11cm的大小。

15　将步骤08里做好的核桃仁放在三角形的底边上，边拉着面皮的顶点，边包裹着核桃仁卷上去。

06　将已软化的黄油也放进搅拌盆里，再用刮板或橡皮刮刀等混合。混合时，注意不要结块。

11　准备好棒状的巧克力，放在面皮上，以此为卷轴，卷成2圈。

16　卷到末端时，从上面稍微按压，就可以防止变形。然后，排列在已铺了烤盘纸的烤盘上，进行最后发酵。

07　核桃仁用约180℃的烤箱烘烤约6分钟后，让它冷却，再用手剥碎，放进搅拌盆里。

12　收口朝下，用手掌压紧固定。排列在已铺上烤盘纸的烤盘上，进行最后发酵。发酵完成后，涂抹上蛋液，进烤箱烤焙。

17　用水浸泡要用来装饰核桃仁可颂表面用的核桃仁。

08　用刮板或橡皮刮刀等充分混合07搅拌盆里的材料。

13　用擀面棍将制作核桃仁可颂的面皮擀成横18cm×纵45cm的大小。擀薄过程中如果黄油融化，要放进冷冻库冷藏。

18　涂抹上蛋液，将核桃仁压嵌入核桃仁可颂的面团表面，用约230℃的烤箱烤焙约15分钟。

面包小常识
制作可颂面包时容易犯的错误

以下的说明将为您解决在制作可颂面包时所碰到的难题喔！

Q 为何无法将黄油与面团擀成均匀的厚度呢？

A 欲将黄油变成均匀的厚度时，要在两面都一点点地敲平。另外，要将包裹了黄油的面皮擀成均匀的厚度，切勿太过用力，要多擀几次，而且动作要迅速。擀薄1次所需时间约在5分钟以内。如果无法在这个时间内完成擀薄的作业，就要放进冷冻库，冷藏约10分钟后，再继续擀薄比较好。

用擀面棍敲打黄油时，要控制好手的力道，用相同的力道，慢慢地敲。

用面皮包裹黄油时，要将收口处全都密封好。最佳的状态就是收口处可以形成X形的纹路。

Q 为何出炉后的可颂面包质地不酥脆呢？

A 黄油在操作的过程中有可能会融化。用擀面棍将黄油擀薄时，如果黄油从冰箱里取出的时间过长，或作业场所过热，都会导致黄油融化。发生这样的状况时，由于黄油的水分会被面皮吸收，仅靠观察是很难判断黄油是否融化了。所以，在进行这项作业时，务必要根据情况，将面团放进冰箱冷藏。

整体均匀擀压时，注意不要使黄油融化。

Q 为何可颂面团无法形成漂亮的层次呢？

A 有几个可能：①由于黄油冷藏过度，所以擀薄时，黄油是在破裂的状态下被擀薄的。②因为擀薄时厚度不均匀，所以层次的厚度也变得不均匀，等等。总之，在制作可颂面包前，一定要先确认黄油的温度，及正确的擀面棍擀薄方式喔！

先用刀子切除面皮的边缘，再切成三角形，才不会将三角形切歪了。

在折叠面团的过程中，如果黄油像图片中一样渗漏出来了，就要先中断作业，放进冷冻库冷藏。

制作可颂面包时，要以做出质地酥脆的可颂为目标，并改进缺失。

可颂面包是一种制作难度极高的面包，即使是对面包制作已经有一定熟悉度的人，也会一再地重蹈覆辙，由此可知其困难程度了！制作可颂面包时，最容易失败的地方，就是擀面棍的用法。用擀面棍来擀薄时，如果在面皮上的力道不均，或是太过用力，就无法让包裹在面皮中的黄油形成漂亮的层次。所以，若是想要将可颂面包做好，一定要多多练习擀面棍的用法，要让自己变得驾轻就熟喔！

Cinnamon Roll

肉桂卷

肉桂卷带着肉桂的浓郁芳香，非常适合搭配咖啡来享用喔！

肉桂卷

材料

（约8个的分量）

高筋面粉	250g
砂糖	40g
食盐	4g
脱脂奶粉	10g
肉桂粉	1/2小勺
水	90ml
新鲜酵母	
8g（速溶干酵母为4g）	
蛋	75g
黄油	50g
融化黄油（最后装饰用）	30g
蛋液（上光用）	适量

肉桂糖的材料

砂糖	90g
肉桂粉	10g

面包制程数据表

制法	直接法
面筋的网状结构	薄而稍微坚实
揉和时间	约25分钟
发酵	温度28℃~30℃
	发酵约60分钟
中间发酵	无
最后发酵	温度约35℃
	发酵约50分钟
烤焙	温度约210℃
	烤焙10~12分钟

所需时间
3 小时 30 分

难易度
★★★

01 将高筋面粉、砂糖、食盐、脱脂奶粉、肉桂粉放进搅拌盆里。酵母用水溶解后，加入蛋混合。再将后者倒入前者里。

02 用手在搅拌盆里混合到没有多余的水分为止。

03 等混合到可以整合成团时，放到工作台上，用按压的方式，边上下滑动，边混合到硬度变得均匀为止。

04 用刮板将面团整合继续揉和。虽然面团的质地很柔软，切勿撒上手粉等粉类，继续揉和到面团变得有韧性为止。

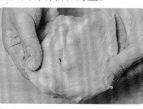

05 揉和一阵子后，切下一小块面团，检查面筋的网状结构状态。如果可以撑开成像图片中般的膜，就可以进行下一个步骤。

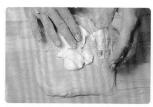

06 将面团压平，再把黄油放上去，用四边包裹起来。

07 用像在拉扯般的方式，上下推压面团，将黄油与面团混合均匀。

08 等到黄油与面团混合均匀后，用刮板整合成团。仔细地刮取粘在手或工作台上的面屑，与面团整合在一起。

09 继续用步骤04的方法揉和。先摔打再覆盖，然后将方向转90°，再摔打覆盖，重复这样的动作，耐心揉和。

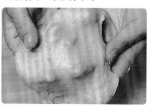

10 用步骤05的方式检查面筋的网状结构。若可以撑开图片中一样的膜，就可以放入涂有油脂的搅盆中，用保鲜膜覆盖，进行发酵。

11 发酵完成后，将手粉撒在工作台上，把面团从搅拌盆里取出放在工作台上，再用手掌把面团压平，并注意不要破坏方形。

12 用擀面棍擀薄成纵35cm×横25cm的大小。擀薄时，要分成上半部与下半部，以擀成均匀的厚度。

13 用毛刷将融化黄油涂抹在已擀薄的面皮上，面皮下端约几公分处为收口部分，不用涂抹。

14 将砂糖、肉桂粉放进搅拌盆里混合，制作肉桂糖。肉桂粉为砂糖分量的1成，用这样的比例就可以调制出浓厚的口味。

15 先将肉桂糖撒在面皮上，再用手掌均匀涂满整个表面。面皮的下端处不用涂抹上肉桂糖。

16 将面皮的上端折弯，以此为轴，卷起来，卷的时候，要留意整理，卷得匀称。

17 最后，利用下端预留的收口部分卷完，用手指捏紧，封好。

18 先用刀从正中切开，再分别切成4等份，共切成8等份。由于整个质地还很柔软，切的时候要小心，不要让它散掉变形。

19 切面朝上，放进铝箔杯里，用手指将面团压摊开来，再整理成与铝箔杯约相同的高度。

20 放在烤盘上进行最后发酵。然后用毛刷涂抹蛋液，再用约210℃烤箱烤焙10~12分钟。

运用篇

肉桂葡萄面包

材料

（约10个的分量）
面团的材料与第102页相同
葡萄干····················· 80g
蛋液（上光用）·········· 适量

做法

❶ 面团的做法与第102页的01~09相同。

❷ 检查面筋的网状结构状态，如果可以撑开，就把面团压平，把葡萄干放在上面，压嵌入面团里。

❸ 充分地揉和面团，让葡萄干与面团混合均匀。

❹ 混合好后，放进已涂抹上油脂类的搅拌盆里，用保鲜膜覆盖，放在温度28℃~30℃的场所约60分钟，进行发酵。

❺ 发酵完成后，从搅拌盆里取出，放在已撒上手粉的工作台上，先分割成30g重的小面团，再滚圆。

❻ 放在工作台上，进行中间发酵。

❼ 用手掌压平，再折成3折，用手指把收口处捏紧。然后，在工作台上将两端滚细，整理成棒状。

❽ 将两条棒状面团横向并排连起来，塑形像成嘴唇的形状。

❾ 放在已铺上烤盘纸的烤盘上，用约35℃的温度，进行最后发酵约50分钟，再用毛刷涂抹上蛋液，用约210℃的烤箱烤焙10~12分钟。

将收口处朝上，横向并列，用手指捏紧封好两条棒状面团的前端。放在烤盘上时，收口处要朝下放。

凸显面包美味的香料

香料，可以增添面包的香味，是制作面包时不可或缺的食材。

豆蔻（Nutmeg）

豆蔻的特征，就是带着刺激性的甜香味。用来制作油腻的甜甜圈等，具有调和口味的作用。

肉桂（Cinnamon）

肉桂的特征，就是它那独特的香味与清凉感。用来制作砂糖含量高的面包，可以凸显面包的甜味。

丁香（Clove）

丁香，正如其名，外观看起来像"丁"字形，特征就是甜甜辛辣的香味，也常被用来制作肉类的料理。

小豆蔻（Cardamom）

小豆蔻是一种既甜又带着淡淡苦味、具有强烈芳香的高级辛香料。加热后，刺激性会减弱，变得容易处理。

罗勒（Basil）

罗勒因其新鲜，又方便使用的特性，又被称之为"香草之王"。最适合用来制作比萨或佛卡夏（Focaccia）等。

牛至（Oregano，奥勒冈草）

牛至的香味，是一种带着淡淡苦味的清爽香味。若是在比萨面包烤焙前撒在表面，出炉后就会散发出迷人的香气来。

香料，是能够让面包变得更加芳香的隐形推手。

香料或香草植物常被用于料理的调味。其实，在面包制作上，同样是不可或缺的食材。香草植物被当做香料来制作食品时，称之为香草香料，罗勒、迷迭香（Rosemary）即属此类。用迷迭香来制作佛卡夏（Focaccia），出炉后就会散发出清爽的香气。

香料可以分为两类，用果实、花蕾、花、树皮等做成的，称之为辛香料。另外，利用植物的种子作为香料的，称之为种子香料。这类香料由于含有丰富的油脂，大多在加热后会散发出香气。因此，此类香料，宜先炒过再用。

无论是香草植物还是香料，若使用的是粉末，最好选择刚研磨好的来用，出炉后的面包才会香气浓郁。

甜甜圈

带着淡淡香草味的甜甜圈，刚炸好时最令人垂涎！

甜甜圈

材料

（约4个的分量）

Ⓐ
高筋面粉	175g
低筋面粉	75g
食盐	3g
脱脂奶粉	10g
豆蔻	适量
柠檬表皮	适量

Ⓑ
黄油（先软化备用）	13g
起酥油（先软化备用）	17g
砂糖	30g
香草精	适量

蛋	50g
新鲜酵母	10g（速溶干酵母为4g）
水	93ml
香草糖（最后装饰用）	100g
肉桂糖…100g（用砂糖90g与肉桂粉10g混合调制）	

面包制程数据表

制法	直接法
面筋的网状结构	薄而弱
揉和时间	约20分钟
发酵	温度28℃~30℃
	发酵约45分钟
中间发酵	（只有2号面团）
	15分钟
最后发酵	温度约35℃
	1号面团发酵约30分钟
	2号面团发酵约40分钟
油炸	油温170℃~180℃
	油炸约2分钟

所需时间
2 小时

难易度
★★★

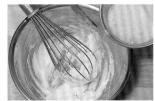

01 材料Ⓑ用搅拌器混合，将材料表里1/2的蛋分成4~5次，边加入边混合。注意不要产生油水分离现象。

02 材料Ⓐ混合。用水溶解新鲜酵母后，加入步骤01剩余1/2量的蛋混合。

03 将3个搅拌盆的材料倒入其中的1个搅拌盆内，用手混合。

04 放到工作台上，用手像在拉扯东西般地上下滑动，混合成均匀的硬度。

05 整合成团，用刮板刮取粘在工作台或手上的面屑，与面团整合在一起。然后用与第20页相同的方式揉和面团。

06 检查面筋的网状结构状态。如果能够撑开成像图片中般的膜，就可以进行发酵了。

07 发酵完成后，放到工作台上，轻轻地、力道均匀地按压面团。

08 用擀面棍擀成厚度均匀、边长约20cm的四方形。

09 准备直径约9cm的圆切模，用来切割面团。总共可以切下4个圆形。

10 将面团排列在已铺了布的烤盘上，用直径3cm的圆形切模切割成圆形，然后进行最后发酵。

11 在步骤09中切割后剩余的面团，称之为2号面团。用磅秤将这个面团分割成40g重的小面团。先滚圆，再用手掌压平，折成3折，做成棒状。然后，放在工作台上，进行中间发酵。

18 等到两面都炸成黄褐色后，就用捞油网捞起，将油沥干。如果想要在甜甜圈的侧面做出白色的圈线，翻面的动作就只能进行1次。这样做，就可以形成甜甜圈才有的特殊白线，您不妨试看看喔！

12 中间发酵完成后，将面团压平，对折，再用手掌搓成约25cm长的棒状。将两端搓得更细一点，就比较容易整形了。

15 放在铺了布的烤盘上，进行最后发酵。

19 将香草糖放进托盘内备用。然后把油炸好的甜甜圈放进去，让两面都蘸满香草糖。

13 滚动已变长的面团，让它向左右扭转，做成U字形。

16 将步骤10的1号面团放进温度170℃～180℃的油里炸。1～2分钟后，面团就会膨胀起来了。

20 将2号扭过的面团也放进170℃～180℃的油里炸。以不断翻面的油炸方法，炸成均匀的黄褐色。

14 将步骤13的面团扭3次扭到末端时，用手指轻捏固定。

17 等到一面的颜色稍微变成浅褐色时，翻面。重复多次翻面的动作，慢慢地炸，就可以炸成均匀而漂亮的黄褐色了。

21 炸好后，用捞油网捞起，放在网架上，让油沥干。然后，与步骤19相同。蘸满肉桂糖，就完成了。

面包小常识

酵母甜甜圈与蛋糕甜甜圈有何不同?

质地松软的酵母甜甜圈与质地酥脆的蛋糕甜甜圈有何不同?

蛋糕甜甜圈

蛋糕甜甜圈,是利用泡打粉这种化学膨胀剂的力量来膨胀的,体积比较小,内部的孔洞排列得较不规则。它的特征就是质地湿润,吃起来的口感像蛋糕。

酵母甜甜圈

酵母甜甜圈,由于使用酵母菌让面团发酵,所以,做好的甜甜圈孔洞细致而排列均匀。吃起来的口感松软又有嚼劲。

酵母甜甜圈油炸后,如果蘸满香草糖,风味就更佳了。相反的,蛋糕甜甜圈比较适合直接食用,不另外加味,细细地品味它那湿润的口感。

酵母甜甜圈与蛋糕甜甜圈制作方式不同。

甜甜圈,可以分为酵母甜甜圈与蛋糕甜甜圈两种。酵母甜甜圈,是使用酵母来让面团发酵,再油炸,所以,炸好时,就会变得像炸面包般地膨胀松软。体积大,吃起来有嚼劲,都是酵母甜甜圈的特征。

蛋糕甜甜圈的口感特征则是酥脆而轻盈,吃起来像海绵蛋糕。由于制作时使用的是泡打粉,所以,不需要历经发酵过程,可以在短时间内就做好。

Q&A

泡打粉与小苏打有何不同呢?

A 小苏打是一种称之为碳酸氢钠的物质,在高温的状态下,会产生二氧化碳,具有让面团膨胀的功能。泡打粉,是以小苏打为主要成分添加了磷酸盐等辅料而制成的食品添加物,比起小苏打,可以更有效地让面团膨胀起来。

Scone

司康

揉和面团时，少量用力就可以做出口感酥松的司康了。

司康

材料

（约12个的分量）
法式面包专用粉（乌越制粉）…………	125g
低筋面粉………………………	125g
泡打粉…………………………	10g
黄油（冰箱冷藏）……………	50g
起酥油（冰箱冷藏）…………	30g
牛奶……………………………	115g
砂糖……………………………	20g
食盐……………………………	1撮
葡萄干（科林斯 Korinth）…	适量
肉桂粉…………………………	适量
牛奶（最后调味用）…………	适量

面包制程数据表

制法	直接法
面筋的网状结构	无须
混合时间	约20分钟
面团静置	30~60分钟
中间发酵	无
最后发酵	无
烤焙	温度约200℃
	烤焙约15分钟

所需时间
1 小时 30 分
难易度
★★★

01 将法式面包专用粉、低筋面粉、泡打粉放进较大的搅拌盆里混合。

02 将刚从冰箱里取出还很硬的黄油放进01的搅拌盆里。

03 用刮板边切黄油边混合。

04 等到整体大致混合好后，倒在工作台上。用刮板刮取还残留在搅拌盆里的粉类，与工作台上的粉类整合。

05 倒在工作台上后，用刮板直线的那边，边将黄油块切碎，边混合。

06 用刮板整合在一起后，再用刮板将刚从冷冻库里取出的起酥油也切碎。然后，用两手揉搓，混合油脂与粉类。再度整合到一起，用揉搓的方式混合。不断地重复这个动作，就可以混合均匀了。等到粉类的颜色变黄时，就完成了。

07 粉类混合好后，就整合在一起，像图片中一般围成像堤防的样子，中央做出凹槽。

08 先将牛奶慢慢地倒入凹槽里，再加入砂糖、食盐。

09　用刮板将周围的粉类一点点地推入凹槽里，到凹槽整个都被周围的粉类完全覆盖为止。

14　排列在已铺了烤盘纸的烤盘上。脱模时，即使有面屑掉下来，也不用急着塞回面团里。

19　将切剩的3号面团放进圆切模里，再做出2个面团。请尽量再利用剩余的面团，不要丢弃。

10　用刮板边切边混合，即使还残留着一点粉末，也可以。因为，如果揉和，就无法做出质地酥松的司康。

15　将葡萄干与肉桂粉放在用圆切模切下的剩余的面团（2号面团）上。

20　由于3号面团不易整合，质地松散，所以，放进圆切模后，要用手指由上往下稍微按压，就可以整合起来了。

11　先将保鲜膜铺在托盘里，再把步骤10整合起来的放进去，用保鲜膜包裹，放进冰箱，冷藏30~60分钟。

16　边用刮板切，边混合辅料与面团。要混合均匀，切勿揉和。

21　用毛刷将牛奶涂抹在排列在烤盘上的面团表面。然后，立刻用约200℃的烤箱烤焙约15分钟。

12　先在工作台上撒上手粉，再把面团放上去。然后，用擀面棍慢慢地擀成横约15cm×纵约20cm、厚2cm的大小。

17　将面团整理成长方形。然后用擀面棍微微调面团的大小，以确保大小足以用直径6cm的圆切模，切割下4个圆形。

Q&A

Q 为何不能揉和面团呢？

A 因为司康的最佳口感是吃起来要很酥松，如果揉和了面团，就会形成面筋的网状结构，而让质地变得有嚼劲。

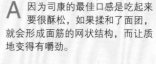

13　用直径6cm的圆切模切下6个圆形。

18　切割下4个圆形后，排列在与步骤14相同的烤盘上。

制作司康时，不能让面团形成面筋的网状结构。

面包小常识

如何享受司康的美味？

以下将为您介绍闻名英国的茶点——司康的美味吃法

司康的美味吃法

浓缩黄油（Clotted Cream）
这是一种乳脂含量达一半以上，味道非常浓醇的黄油。浓厚的口味与原味的司康味道搭配得恰到好处。

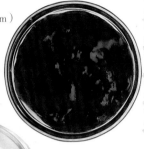

果酱
草莓、橘子果酱等，只要是水果类的果酱都很适合。其中，尤以果肉含量多的用来搭配司康，最为美味！

司康面团也可以有下列的变化喔！

南瓜风味司康
就是将南瓜脆片或蒸过的南瓜过滤冷却后，与司康面团混合所制成的司康。南瓜特有的柔和风味，在司康里发挥得淋漓尽致。

巧克力脆片司康
参考第110页，在2号面团里，混合适量的巧克力脆片，用与第110页2号面团相同的方式来塑形、烤焙。这种司康，味道稍甜，可以用来当做零嘴吃。

全麦蜂蜜司康
参考第110页的面团，混合约2成的全麦粉，用蜂蜜来代替砂糖，制作面团。这种司康的特征，就是味道不会太甜，而且口感非常自然。

下午茶

下午茶，是在19世纪中叶的维多利亚时代，以贵族间的社交为目的所衍生出的生活习惯。大都以司康、三明治、挞类等食物来作为搭配的茶点，一起享用。

司康搭配红茶，美味更加倍！

司康，是一种源自于英国，口感酥松的点心。在英国，据说这是一款母亲会最先教导女儿制作的点心，由此可知它是一种多么传统的食物了。司康无论是制作的材料或口味，都非常的单纯，涂抹上大量的果酱、黄油或鲜奶油，就可以充分享受它的滋味了！据说司康之所以做得味道那么清淡，就是为了不让它掩盖红茶的味道。所以，建议您不妨与

红茶做搭配，一起享用！

司康在吃的时候，要将横向的两片分开来，抹上大量的果酱或鲜奶油等，这也是最正统的吃法。搭配奶茶一起吃，更是别具风味。即使是觉得司康的质地很膨松的人，一旦吃到了质地湿润的司康，再搭配上香味浓郁的红茶，也一定会欲罢不能！

洋梨

酸樱桃

3种丹麦面包

丹麦面包，是所有的面包种类中黄油含量最高、口味最浓厚的面点。

杏仁

丹麦面包（杏仁）

材料

（约12个的分量）

法式面包专用粉（乌越制粉）
.... 250g

Ⓐ 砂糖 25g
食盐 5g
脱脂奶粉 10g
小豆蔻（Cardamom）... 1g
黄油 20g

蛋 63g
新鲜酵母… 13g（速溶干酵母为6g）
水 83ml
黄油（夹层用）............. 250g
蛋液（上光用）............. 适量

杏仁奶油馅的材料
罗玛斯棒（杏仁含量较高的Marzipan）.................. 50g
黄油 20g
砂糖 20g
蛋 20g
朗姆酒........................ 5ml

面包制程数据表

制法	过夜法
面筋的网状结构	厚而弱
混合时间	约5分钟
发酵	温度28℃~30℃
	发酵40~60分钟
中间发酵	无
最后发酵	温度约32℃
	发酵约40分钟
烤焙	温度约220℃
	烤焙约12分钟

所需时间
前日 60 分钟
当日 5 小时

难易度
★★★

01　材料Ⓐ放进搅拌盆里。将水放进另一个搅拌盆里溶解酵母，再加入蛋。将两个搅拌盆的材料混合。

02　放在工作台上，揉和到整体的硬度均匀，再进行发酵，压平，用塑胶袋包起来，放进冰箱，冷藏一晚。

03　在工作台上撒手粉，用擀面棍将夹层黄油与面团敲平。参考第96页的步骤04包好，用擀面棍擀成横20cm×纵60cm的大小。

04　将面团折成3折，用塑胶袋包好，放进冷冻库冷藏30分钟。这样的步骤，总共要进行3次。

05　等到第3次放进冷冻库冷藏结束后，擀成横20cm×纵60cm的大小，再放进冷冻库冷藏30分钟。

06　将面皮横放，利用尺来辅助，切割下边长10cm的方形12块。

07　用刀子切下12块后，放到托盘内，再放进冷冻库冷藏30分钟。

08　用橡皮刮刀逐渐混合罗玛斯棒与黄油，再依次加入砂糖、蛋、朗姆酒。然后将混合好的材料舀到步骤07的面皮中央对折。

09　用手指轻按对折后的末端部分，再用刀子切出约1cm长的切口。然后，稍微向外侧拉，整理成扇形，排列在烤盘上。

10　以步骤09的状态，进行最后发酵。发酵完成后，涂抹上蛋液，用约220℃的烤箱烤焙约12分钟。

丹麦面包（洋梨）

材料

（约12个的分量）
面团的材料与第114页相同
洋梨罐头（如果没有，也可用黄
桃罐头）……………………12块
蛋液（上光用）……………适量
杏桃果酱……………………适量
风冻（Fondant，翻糖）……适量

卡士达奶油馅的材料
牛奶……250ml　香草精……少许
蛋黄……3个　　砂糖………75g
低筋面粉……………………25g

面包制程数据表

制法•过夜法/面筋的网状结构•
厚而弱/混合时间•约5分钟/发酵•
温度28℃~30℃发酵40~60分钟
/中间发酵•无/最后发酵•温度约
32℃发酵约40分钟/烤焙•温度约
220℃烤焙约12分钟

所需时间	难易度
前日 60 分钟	★★★
当日 5 小时	

01　参考第114 页的步骤01~07制作面团。将边长10cm的正方形面团以对角折起，用刀子在右侧切割一道切口。

02　打开面皮。如果在一开始没有将面皮做成正方形，就无法做出漂亮的丹麦面包了。

03　将切成V字形部分的面皮往对角线方向折过去，对准贴好。然后，放在烤盘上，进行最后发酵。

04　用毛刷将蛋液涂抹在V字形的面皮表面。制作卡士达奶油馅（参考第34页），用汤勺舀1勺，放上去。

05　将已切成半块的洋梨块摆到卡士达奶油馅上。

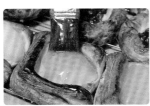

06　用约220℃的烤箱烤焙约12 分钟出炉后，用毛刷将杏桃果酱（参考第35页）涂抹在面包上。

07　涂抹完杏桃果酱后，再涂抹上风冻，就完成了。

运用篇

丹麦面包（酸樱桃）

材料

（约12个的分量）
面团、卡士达奶油馅的材料与第
114页相同
杏桃果酱……………………适量
蛋液（上光用）……………适量
风冻…………………………适量

糖渍樱桃的材料
酸樱桃罐头……100g（如果没有，也可以用黑樱桃罐头）
酸樱桃罐头的汤汁…………75g
玉米粉………………………15g
砂糖…………………………15g

做法

❶参考第114页的步骤01~07，以相同的方式制作面团。
❷将2/3量罐头的汤汁倒入锅内，加入砂糖，加热到沸腾后，用1/3量罐头的汤汁来溶解玉米粉，再加入锅内混合凝固后将酸樱桃放进去，蘸满表面。
❸倒入容器内，用保鲜膜覆盖，放凉。
❹将面皮的四角折起来，用手掌将中央压平。以这样的状态来整形，再排列在烤盘上，进行最后发酵。
❺将蛋液涂抹上后，用汤勺舀上1勺卡士达奶油馅，放在中央，再将5~6颗酸樱桃摆上去。
❻用约220℃的烤箱烤焙约12分钟。最后，将风冻涂抹在表面，就完成了。

将四角折起后，如果不用手掌压平，最后发酵完成后，收口处可能就会松脱开来。

丹麦面包的各种塑形法

丹麦面包的表面常常点缀着各种色彩鲜艳的水果。以下就为您介绍它的各种塑形方法。

| 对折形 | 风车形 | 扭形 |

对折形

1 将正方形的一角往中心折。

2 将对角线上的那一角，也同样往中心折。

3 用手掌，将折起的两个对角压紧，再把水果摆在上面。

风车形

1 将正方形的面皮，折成三角形。在面皮重叠成的三角形顶端，用刀子切割出3~4cm的切口。

2 将切下的边缘部分往中心折，从哪边折起都没关系。

3 与步骤2折起的部分，间隔1个边缘，再同样折起。剩余的两处，也以相同的方式折起，就可以变成风车的形状了。

扭形

1 将正方形面皮折成三角形。在两边内侧约1cm处用刀切割，但在三角形的顶点处留下约1cm的长度。

2 将面皮摊开，把切割的边缘部分往对角方向折过去，叠好。

3 另一边的边缘部分，也以同样的方式，往对角方向折过去，叠好。

放在丹麦面包上的辅料即使相同，只要改变造型方式，就会有全新的感觉喔！

丹麦面包，无论是在搭配水果，还是面团的种类方面，都很丰富多变！

　　丹麦面包，是一种源于丹麦的面点。由于它的面团里含有大量的黄油，在各类的面包当中可以说是口味最浓厚的一种。制作丹麦面包时，夹层用的黄油量甚至超过了可颂面包所用的量。在欧洲，依面团的成分比例或夹层用黄油的不同，还可以细分为各式各样不同种类的丹麦面包。

　　塑形完成后，放满表面的卡士达奶油馅或水果，也是丹麦面包的魅力所在。无论是其外形还是表面的装饰，都变化多样。以上为各位介绍的，就是以第114页的塑形方式为基础，再稍加变化而成的丹麦面包。

第四章
调理面包与
三明治面包

日本面包的历史与变迁

第二次世界大战以后，面包才真正在日本流行。

1543年，葡萄牙商船漂流到了种子岛，从而使日本人认识了面包这种食物。然而，由于锁国令的颁布，一直到开国为止的这段期间，"面包（日文发音为Pan）"几乎在日本销声匿迹。后来，创始于明治二年的木村屋总店，成为面包在日本普及开来的推手。主要是因为这家店所研制的豆馅面包非常受明治天皇的喜爱，从而引起了国民狂购的热潮。

后来，面包更是成为第二次世界大战后，白米短缺时的替代品。再后来，历经了经济高速增长期，在饮食文化逐渐西化的历史背景下，日本的面包也不断地演化。具有研究热诚的日本人，终于在面包的世界里崭露头角，甚至赢得过世界闻名的面包大赛的冠军，最终制作出了独具日本特色的面包。

日本的面包年表

1543年 葡萄牙商船漂流至种子岛，据说面包就是在此时与铁炮、西服等一起登陆日本的。另外，日文中的面包名称"パン（Pan）"，就是源自于葡萄牙语的"Pao"。

1639年 受东亚贸易以及传教士来日本而逐渐普及的面包，因锁国令的颁布而终止。之后约200年间，"パン（Pan）"这个名称，几乎在日本销声匿迹了。

1842年 伊豆韭山的代官，江川太郎左卫门，在自家的面包窑烤焙面包，成为第一个制作面包的日本人。由于此事发生在4月12日，所以，现在日本的面包业界，就以此为依据，将每个月的12日定为面包日。

1874年 木村屋总店，用酒种研制出豆馅面包。明治天皇非常喜爱这种面包，从此日本国内豆馅面包开始流行。

1913年 京都的面包屋——进进堂的创始人续木齐，远渡法国，学到了正宗的法式面包制法，在日本，首度开始出售法式面包。

1945年 "二战"后食物短缺，面包成了弥补白米供应不足的食品，在民间逐渐普及开来。此外，由于面包含有丰富的维生素、矿物质，从而成为学校供餐的食物之一。日本人对面包的消费，也逐渐增长。

现在 由于日本经济的高速增长，导致饮食文化亦逐渐西化，面包也开始成为主食，进入一般的家庭中。除了吐司、豆馅面包之外，丹麦面包、派类，也越来越常见。到了21世纪，不仅只有欧美式的面包了。在全世界饮食文化交流频繁之际，面包的种类也变得更加多元化，即使在日本，也能享用到世界各地的面包了。

发明了豆馅面包的木村屋总店

最先制作出豆馅面包的日本人，就是木村屋总店的老板——木村安兵卫。当时在日本，制作面包的必需品——酵母菌，是很难取得的。在多方寻求替代品之后，他终于发明了使用酒种来发酵的办法。后来，历经了多次的试验与失败，他终于研制出了酒种豆馅面包。酒种的制作，既耗费时间又工序繁多。然而，制成的豆馅面包，却完全不带酒糟味，还会散发出淡淡的甜酒香，因而成为独具日本风味的面包。至今，仍可以在木村屋总店买到与当年完全相同的豆馅面包喔！

这就是当年木村屋总店烤焙面包时的场景。将发祥于欧洲的面包与日本的豆馅结合而成的酒种豆馅面包，在东京大受欢迎，据说当时店内常常是忙碌不已。

Pain Viennois

维也纳面包

夹着香肠或火腿，以三明治的方式来享用。

维也纳面包

材料

（约8个的分量）

法式面包专用粉（乌越制粉）
·····250g
食盐·····5g
砂糖·····15g
脱脂奶粉·····13g
水·····155ml
新鲜酵母·····
·····8g（速溶干酵母为4g）
蛋·····13g
黄油·····13g
起酥油·····13g
蛋液（上光用）·····适量

面包制程数据表

制法	直接法
面筋的网状结构	薄而弱
混合时间	约20分钟
发酵	温度28℃～30℃
	发酵约60分钟
中间发酵	15分钟
最后发酵	温度约35℃
	发酵约50分钟
烤焙	温度约220℃
	烤焙约12分钟

所需时间
3 小时

难易度
★★☆

01 将专用粉、食盐、砂糖、奶粉放进搅拌盆里。在另一个搅拌盆里溶解酵母后，加入蛋。混合两个搅拌盆内的材料。

02 将手指竖着在搅拌盆内混合材料，到整体的硬度变得均匀后，移到工作台上，用推压的方式来混合。

03 混合好后，用刮板整合成团，再用与第20页相同的方式，边摔打边揉和。

04 揉和一阵子后，切下一小块面团，检查面筋的网状结构。如果可以撑开像图片中般的膜，就可以进行下一个步骤。

05 先将面团压平，把黄油与起酥油放在上面，再用面团的四边包裹密封起来。

06 在工作台上，将步骤05的面团像要拉扯般地上下推压，混合面团、黄油、起酥油。

07 等到硬度均匀后，用刮板整合成团，再揉和一会儿。用刮板刮取粘在手上或工作台上的面屑，与面团整合。

08 检查面筋的网状结构，如果可以撑开如图中般的膜，放进已涂抹了油脂的搅拌盆里，用保鲜膜覆盖，进行发酵。

09 发酵完成后，取出，放在已撒上手粉的工作台上。

10 用切面刀分割成60g重的小面团。如果最后剩余的面团不足60g，就均等地分给已分割好的面团。

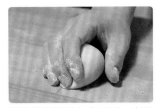

11 用手掌轻轻地包住面团，在工作台上滚圆。

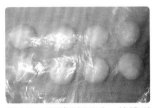

12 所有的面团都滚圆后，就排列在工作台上，用塑胶袋覆盖，进行中间发酵。

13 将手粉撒在工作台上，把面团的收口处朝上放，用手掌压平。

14 将下面的1/3部分折起，上面的1/3部分也折起，同时，要让面团里的二氧化碳完全排出。

15 将步骤14的面团再对折，用手掌滚动面团，整理成15cm的长棒状。

16 放在铺了烤盘纸的烤盘上，涂抹上蛋液。请注意不要涂抹太多，以免蛋液流到面团底下，因而烤焦了。

17 将剪刀竖着，横向剪出6~7道切口。

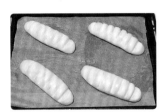

18 以这样的状态，放在温度约35℃的场所约50分钟，进行最后发酵。发酵完成后，用约220℃的烤箱烤焙约12分钟。

运用篇

维也纳三明治

材料

（各1个的分量）
使用2个左页出炉的面包

火腿蛋三明治的材料
水煮蛋（切成4片）…… 1个
火腿肉……………………… 2片
莴苣……………………… 适量

香肠三明治的材料
莴苣……………………… 适量
香肠……………………… 1根
芥末酱…………………… 适量
番茄酱…………………… 适量

做法

❶面包从烤箱出炉后，将其中的1个纵向切开，在里面涂抹上芥末酱。然后，铺上莴苣，再涂抹上芥末酱，夹住香肠。最后，淋上番茄酱。

❷另一个面包从侧面切开，依序夹入莴苣、火腿、蛋。

用面包制作三明治时的注意事项

看似简单的三明治，其实制作时也是有诀窍的。

1 不要切割刚出炉的面包

由于刚出炉的面包含有很多水分，所以，很难切割。此外，风味也不佳。尤其是吐司类的面包，出炉后过了一段时间的，内部的质地会变得更结实、漂亮。

刚出炉时
面包的两端不够挺直，而且呈歪斜的状态。在这样的状态下，也很难切割。

过了一段时间后
整体都很挺直，不会歪斜，容易切割，切过后的切口也会很漂亮。

2 将材料的水分确实沥干

莴苣、番茄、小黄瓜等蔬菜，要用厨房纸巾等先将水分沥干。如果没有将水分沥干，就会渗透到面包里，让面包吃起来湿湿软软的。鲔鱼美乃滋等的馅料，也要先将水分沥干后，再夹到面包里。

3 先在面包与材料间涂抹上一层油脂

如果要用到新鲜蔬菜或水分较多的料时，可以先在面包的内面涂抹上黄油或人造黄油（英Margarine）等油脂。此外，因为芥末具有抑制细菌繁殖的功效，所以，如果使用芥末黄油，对于保持食物的卫生也很有帮助喔！

绝对不要让面包沾到水，夹料的水分一定要先沥干。

接下来，就为您介绍几个制作新鲜三明治的小诀窍吧！首先，请使用出炉后已稍微过了一段时间的面包来制作。因为，刚出炉的面包，里面还有残留的水蒸气。在这样的状态下切片，会切得扭曲变形或厚度不均。另外，请留意在使用蔬菜作为三明治的夹料时，如果没有将水分沥干，会做成湿湿黏黏的三明治呢！

若是使用加热过的馅料，也要完全冷却后再用才不会让面包变得湿黏。而且，在面包与夹料间，先涂抹上黄油、人造黄油或美乃滋等，也可以有效避免这样的状况产生。

如果要用油炸或一般的菜肴当做夹料时，也得先等到完全冷却后再夹到面包里。

洋葱

Focaccia

2种佛卡夏

只要夹上鸡肉或起司等，就成了佛卡夏三明治了。

橄榄

佛卡夏（橄榄）

材料

（约3块的分量）

法式面包专用粉（乌越制粉）…	250g
砂糖………………	5g
食盐………………	5g
新鲜酵母……………	8g
水…………………	150ml
橄榄油………………	13g
橄榄油（最后装饰用）…	适量

表面馅料的材料

橄榄、迷迭香……………	适量

面包制程数据表

制法	直接法
面筋的网状结构	厚而弱
混合时间	约10分钟
发酵	温度28℃~30℃
	发酵约50分钟
中间发酵	15分钟
最后发酵	温度约35℃
	发酵20~30分钟
烤焙	温度约230℃
	烤焙10~12分钟

所需时间
2 小时

难易度
★☆☆

01 将法式面包专用粉、砂糖、食盐放进搅拌盆里混合。然后，将已用水溶解的新鲜酵母也加入混合。

02 将橄榄油加入步骤01的搅拌盆里，用手指以竖着的姿势，混合搅拌盆内的材料。

03 混合到硬度均匀后，就放到工作台上。

04 在工作台上，边推压，边混合到质地变得柔顺。

05 用刮板将面团整合起来。然后，刮取粘在工作台上或手上的面屑，与面团整合在一起。

06 用手掌以往前推压的方式来揉和。然后，将面团转90°，再度以往前推压的方式来揉和。由于面团有点硬，所以，揉和时要稍微用点力。因为，从上面按压面团，会使面团粘在工作台上，所以，请边滚动边揉和。这就是揉和时的一大诀窍！

07 检查面筋的网状结构，如已形成了厚而柔弱的膜，就可以放进已涂抹了油脂的搅拌盆里，用保鲜膜覆盖进行发酵。

08 发酵完成后，取出放在工作台上，分割成140g重的小面团后，往靠自己的方向滚。然后，进行中间发酵。

09 用擀面棍擀成整体厚度均匀，长20cm×宽15cm的椭圆形。

10 排列在已铺了烤盘纸的烤盘上，涂抹上橄榄油。然后，进行最后发酵。

11 最后发酵完成后，用手指在表面随机地压出一些洞。这就叫做打洞。

12 将橄榄切成两半，压入洞内。

13 将迷迭香散放在橄榄之间，就可以增添香味了。然后，烤焙10~12分钟。

佛卡夏（洋葱）

材料

（约3块的分量）
面团的材料与第124页相同
干燥洋葱·····················20g
岩盐（或粗盐）·············适量

面包制程数据表

制法•直接法/面筋的网状结构•厚而弱/混合时间•约10分钟/发酵•温度28℃~30℃发酵约50分钟/中间发酵•15分钟/最后发酵•温度约35℃发酵20~30分钟/烤焙•温度约230℃烤焙10~12分钟

所需时间	难易度
2 小时	★☆☆

01 参考第124页的步骤01~06，制作面团。然后，将面团压平，把干燥洋葱放在上面，再卷起来。

02 用手掌来揉和面团，将面团与洋葱混合均匀。

03 混合好后，放进已涂抹了油脂类的搅拌盆里，用保鲜膜覆盖，进行发酵。

04 发酵完成后，分割成3等份，放在工作台上，朝自己的方向滚动，以这样的方式来滚圆。然后，进行中间发酵。

05 发酵完成后，先用手掌压平，再用擀面棍擀成圆形。

06 排列在已铺了烤盘纸的烤盘上，用毛刷涂抹上橄榄油，再用手指按压面团的边缘。然后，进行最后发酵。

07 发酵完成后，用手指在面团表面打洞，再撒上少许岩盐或粗盐。然后，用约230℃的烤箱烤焙10~12分钟。

如何保存面包

吃不完的面包，究竟要如何保存比较好呢？

甜味卷　　　　　　　　　丹麦面包

无法冷冻保存的面包

丹麦面包、甜味卷等使用了水果或卡士达奶油馅的面包解冻后会产生离水现象，变得质地松散。而且，水果吃起来的口感也会变差，所以，最好避免冷冻。

可以冷冻保存的面包

原则上，吐司、法式面包、可颂面包等，质地成分较单纯，使用的辅料也较少的面包，就可以冷冻保存。即使是表面上涂有风冻（英Fondant）或用其他材料做了装饰，只要是面包质地成分单纯的，都适合冷冻保存。

冷冻保存时的注意事项

1 冷冻时，一定要用塑胶袋或保鲜膜包起来！

面包在冷冻保存时，也会逐渐丧失水分。所以，一定要用质地较厚的塑胶袋或保鲜膜包好，再冷冻。用保鲜膜包的时候，要留点空间，让空气可以流通。

2 切勿在刚出炉的状态下冷冻，一定要等完全冷却后，再冷冻。

刚出炉的面包，内部是呈现水蒸气囤积的状态。如果在这样的状态下冷冻，既容易破坏面包的质地，风味也会变差。冷冻保存面包的最佳时机，是出炉后的1~2小时。

3 软式面包要在常温状态下解冻，硬式面包要用烤焙的方式来让面包复原。

经过冷冻保存的面包，原则上，只要在常温的状态下解冻就可以了。但是，像法式面包等硬式面包得先用水喷湿，再以烤焙复原法（第38页）来解冻，才能够让风味更佳。

能够既留住新鲜又留住美味的保存法。

吃不完的面包，请在还未变质前及时冷冻保存。冷藏保存虽然可以抑制细菌的繁殖，但是，水分也容易蒸发。有时，甚至还可能比常温下保存更容易变质。所以，这样的保存方式，仅限于三明治或含有黄油的面包等。

适合冷冻保存的面包，就是吐司或法式面包等质地成分较单纯的面包。冷冻保存时，要用保鲜膜或塑胶袋厚厚分开包装，才不易沾染上冷冻库内的味道。

想要再吃时，就放置在室温下，让面包自然解冻。尤其是卷类面包等软式面包，以这样的方式解冻，就可以恢复成刚出炉时的柔软度了。如果是硬式面包，冷冻之后，外皮就会软弱塌陷，就必须用烤箱稍微烤过，才能恢复原有的香脆。只是，解冻过的面包，请不要再次放进冰箱冷冻喔！

英式玛芬

English Muffin

建议您先烤过，让质地变得香脆，再享用！

英式玛芬

材料

（约6个的分量）

高筋面粉	250g
砂糖	5g
食盐	5g
脱脂奶粉	5g
新鲜酵母	8g
水	188ml
黄油	5g
粗玉米淀粉（或细玉米淀粉）	适量（塑形用）

面包制程数据表

制法	直接法
面筋的网状结构	薄而坚实
混合时间	约30分钟
发酵	温度28~30℃发酵40分钟、压平排气后40分钟
中间发酵	无
最后发酵	温度约35℃ 发酵约50分钟
烤焙	温度约200℃ 烤焙约18分钟

所需时间
3 小时 30 分

难易度
★★

01 将高筋面粉、砂糖、食盐、脱脂奶粉放进搅拌盆里，再加入已用水溶解的新鲜酵母。

02 用手指以竖着的姿势，在搅拌盆内将材料混合到没有多余的水分为止。

03 放到工作台上，用推压的方式，混合到硬度均匀。

06 面团的质地很柔软要揉和约15分钟后才能加入黄油。揉和好后检查成图中般的膜，就可以进行下一个步骤。

07 将面团整合起来后，用手压平，将黄油放在上面，再用四边的面团包裹起来。

08 用手像要拉扯般地混合步骤07的面团。虽然面团很粘手，切勿因此而撒上手粉。

04 由于面团的水分还很多，可能很难混合，不过，切勿撒上手粉，要有耐心地继续混合。

05 等到混合均匀后，用刮板将面团整合起来。然后，参考第20页，以相同的方式揉和。

09 混合成均匀的硬度后，以摔打后再覆盖的方式，揉和一阵子。等到面团变得光滑后，检查面筋的网状结构。

10 如果能够撑开成像图片中般的膜时，就可以放进已涂抹上油脂类的搅拌盆里，用保鲜膜覆盖，进行发酵。

11 经过约40分钟后，将面团取出，放在已撒上手粉的工作台上，用手掌压平排气。

12 将面团从四边往中央折叠起来。

13 将收口处朝下，放进用来发酵的搅拌盆里，用保鲜膜覆盖，再次发酵约40分钟。

4 将烤盘纸铺在烤盘上。用毛刷在玛芬模的内侧涂抹上起酥油（未列入材料表）后，排列在烤盘上。

5 将粗玉米淀粉或细玉米淀粉放进托盘里（图片中为粗玉米淀粉）。

16 用切面刀将已发酵的面团分割成70g重的小面团。将剩余的面团均等地分给已分割好的小面团。

17 将分割好的面团滚圆，然后，用手指将收口处轻轻捏紧。

18 正反两面都蘸满粗玉米淀粉。此时，如果边轻轻压平边蘸，就可以很容易地放进玛芬模里了。

19 将小面团放进玛芬模的中央，以这样的状态，进行最后发酵。

20 用可以放进烤箱的铁板等覆盖在放着玛芬模的烤盘上。然后，放进烤箱里烤焙。

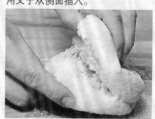

面包材料百分比（Baker's Percentage）

专业人士所使用的材料计量法是什么？

准备用1斤吐司模（250g）制作1条吐司时：

吐司

材料（500g的分量）

高筋面粉	100%
砂糖	10%
食盐	2%
脱脂奶粉	3%
黄油	3%
起酥油	5%
水	70%

吐司

材料（500g的分量）

高筋面粉	250g
砂糖	25g
食盐	5g
脱脂奶粉	7.5g
黄油	7.5g
起酥油	12.5g
水	175g

计算方式其实很简单！

只要以100g＝100%来思考，就很容易理解了。
去掉以上食谱中的%，代换成g来试试看。
这样一来，就变成高筋面粉100g、砂糖10g、食盐2g……
制作使用250g粉类的面包时，就把%前的数字再乘以2.5即可。
如此一来，100g×2.5=250g，以此类推，制作使用500g粉类
的面包时，就是100g×5=500g了。

面包材料以百分比来表示，用起来非常便利。

制作面包的食谱，一般大多是以公克（g）来表示材料的所需分量。然而，在专业的食谱中，几乎都是以百分比来表示的。但是，这样的面包材料百分比表示法，与一般所知的百分比概念不同，并不是将材料的总重量定为100%来看，而是将材料中的粉类重量定为100%，再用百分比来表示其他的材料相对于粉类所需的比例。

以粉类为基准，是因为在制作面包时，粉类为主要的材料，而且是用量最多的材料。

与一般概念的百分比相比，这种面包材料百分比（Baker's Percentage），既容易计算，也可以很快地准备好，您不妨试试看，让自己逐渐习惯以这样的基准来作为计量材料的方式！

这种用在面包制作上的百分比，已经成为一种国际公认的计量法了。

Tiger Roll

虎皮卷

这种面包的外皮，有着像老虎皮一般的纹路，非常具有震撼力喔！

虎皮卷

材料

（约8个的分量）

法式面包专用粉（乌越制粉）
.... 250g
砂糖 5g
Ⓐ 食盐 5g
脱脂奶粉 8g
起酥油 8g
麦芽糖浆 1g
水 150ml
新鲜酵母 ....
.... 8g（速溶干酵母为4g）
蛋 13g
起司、萨拉米香肠（英Salami）
.... 各适量

虎皮面糊的材料

水 75ml
麦芽糖浆 1g
新鲜酵母 7g
日本上新粉（类似台湾蓬莱米
粉） 63g
Ⓑ 低筋面粉 4g
砂糖 2g
食盐 2g
猪油（加热成液态备用）…8g

面包制程数据表

制法	直接法
面筋的网状结构	厚而稍弱
混合时间	约15分钟
发酵	温度28℃~30℃发酵40分钟、压平排气后30分钟
中间发酵	15分钟
最后发酵	温度约35℃发酵约50分钟
烤焙	温度约220℃烤焙14~16分钟

所需时间
3 小时 30 分

难易度
★★

01　将Ⓐ的材料全部放进搅拌盆里混合。然后，将已用水溶解过的新鲜酵母加了蛋后，再加入前面的搅拌盆里混合。

02　用手指以竖着的姿势，混合搅拌盆里的材料到没有多余的水分为止。等到可以整合成团时，就放到工作台上。

03　用推压的方式，将整体混合均匀。然后，参考第20页，揉和一会儿。

04　等到面团变得光滑后，切下一小块，检查面筋的网状结构。如果能够撑开成像图片中般的膜，就可以进行下一个步骤。

05　将面团放进已涂抹上油脂类的搅拌盆里，用保鲜膜覆盖，进行发酵。

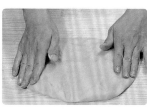

06　经过40分钟后，用手掌压平排气。然后，将面团压平，把四边朝中心方向折起，折线部分朝下放。

07　将步骤06的面团放进步骤05中使用过的搅拌盆里，用保鲜膜覆盖，再次进行中间发酵约30分钟。

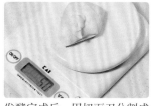

08　发酵完成后，用切面刀分割成50g重的小面团。如果还有剩余不足50g的面团，就均等地分给已分割好的小面团。

09　用手掌轻轻地包住已分割好的小面团，在工作台上滚动，以这样的方式滚圆。

10　全部滚圆后，放在工作台上，用塑胶袋覆盖，进行中间发酵。

11　起司与萨拉米香肠切丁放进搅拌盆里，按1∶1的比例混合。如果觉得萨拉米香肠的口味太重，可以少放一点。用手掌将已完成中间发酵的面团压成圆形，再把起司与萨拉米香肠摆上去。

18　用毛刷将17涂抹在最后发酵完全的面团表面。涂抹的时候，要涂到完全看不到面团表面般的厚度。但是，要特别注意，如果涂抹得太厚，烤好后就无法形成虎皮般的裂纹喔！

12　将面团卷起来。最后，用手指将收口处捏紧，整理成饺子的形状。

15　等混合到变稠时，加入已加热融化的猪油，用搅拌器再次混合到整体都均匀为止。

19　烤焙前，要先用水喷湿表面。然后，用约220℃的烤箱烤焙14~16分钟。

Q&A

Q　面包的表面为何没有形成裂纹呢？

A　可能是因为虎皮面糊涂得太厚，亦或是面糊的质地太硬或太柔软的缘故。涂抹虎皮面糊时，要涂抹薄薄的一层，完全看不到面团表面的厚度，就是最佳的状态。

13　将烤盘纸铺在烤盘上，再把面团的收口处朝下，排列上去。然后，进行最后发酵。

16　面团的硬度会因不同种类的上新粉而有差异。最后用保鲜膜覆盖，在常温的状态下，进行发酵30~40分钟。

14　制作虎皮面糊。将水装入搅拌盆里，再加入麦芽糖浆、新鲜酵母溶解。然后，将Ⓑ的材料放进去，用搅拌器混合。

17　用毛刷将已发酵完成的虎皮面糊，混合到原本的柔滑状态。

图片中为虎皮面糊涂抹太多的范例。

不同种类的面包所适合搭配的起司

下面将为您介绍的是，美味的面包与起司的黄金组合！

贝果（Bagel）

适合搭配的起司
> 黄油起司

嚼劲十足的贝果，还是搭配黄油起司最为美味。若是再配上熏鲑鱼，也很不错喔！此外，也可以搭配蓝莓果酱等其他种类的果酱。

传统法式面包（Pain Traditionnel）

适合搭配的起司
> 白霉起司类

白霉起司类，顾名思义，就是上面繁殖了白霉的起司。最具代表性的就是法国的"诺曼第卡蒙贝尔（Camembert de Normandle）"、布里德米欧克斯（Brie de Meaux）。由于法式面包是一种口味单纯的面包，所以，相较于其他种类的面包，除了白霉类起司外，其实可以和任何一种起司随意搭配！

法国乡村面包（Pain de campagne）

适合搭配的起司
> 蓝霉起司类

蓝霉起司类，顾名思义，就是上面繁殖了蓝霉的起司。与味道单纯的法国乡村面包做搭配，更可以突出蓝霉起司独特的风味，成为独具特色的组合。此外，这种面包也很适合与尚未熟成的新鲜起司（英 Fresh Type）做搭配喔！

芙罗肯布洛特（Flockenbrot）

适合搭配的起司
> 洗式起司

在黑麦面包中，带着独特酸味的芙罗肯布洛特可以说是风味独具。而最适合与它做搭配的，就是同属特殊风味的洗式起司了。虽然它的香味稍微奇特了点，但是里面其湿润而多汁的质地，与充满谷物香味的面包可以说是绝配！

请依据面包的特点，来选择起司吧！

如同面包的种类千变万化一样，据说世界上的起司也有1000多种。为了能够充分享受面包的美味，就得选择与之在味道上相得益彰的起司。

首先，像法式面包或黑麦面包这类口味单纯的硬式面包，一般来说，无论是与哪一种起司都很搭配。使用酸种制成，口味较重的面包，就与洗式起司或蓝霉起司比较相配，因为这样一来，面包的酸味与起司的咸味就可以相互调和，达到平衡。

保存时间较久，质地变硬的面包，建议您可以切成薄片，烤过，再摆上口味搭配的起司，像卡娜贝开胃菜（Canape）般地享用。此外，还可以做成面包丁（Crouton）或面包渣，以各种各样的方式善加利用，享受其美味。总之，即使面包变硬了，也不要丢弃，一定要充分地再利用喔！

Sausage, Ham and Egg, Tuna Potato

3种调理面包——香肠、火腿蛋、鲔鱼土豆

看似非常难做的调理面包，其实只要基本功够扎实，做起来是很简单的！

3种调理面包

材料

（约6个的分量）

<table>
<tr><td rowspan="4">Ⓐ</td><td>高筋面粉</td><td>250g</td></tr>
<tr><td>砂糖</td><td>20g</td></tr>
<tr><td>食盐</td><td>4g</td></tr>
<tr><td>脱脂奶粉</td><td>5g</td></tr>
<tr><td colspan="2">水</td><td>140ml</td></tr>
<tr><td colspan="2">蛋</td><td>25g</td></tr>
<tr><td colspan="2">新鲜酵母…8g（速溶干酵母4g）</td><td></td></tr>
<tr><td colspan="2">起酥油</td><td>20g</td></tr>
<tr><td colspan="2">蛋液（上光用）</td><td>适量</td></tr>
</table>

馅料的材料

<table>
<tr><td rowspan="3">Ⓑ</td><td>香肠</td><td>2根</td></tr>
<tr><td>比萨酱</td><td>适量</td></tr>
<tr><td>比萨用起司</td><td>适量</td></tr>
<tr><td rowspan="3">Ⓒ</td><td>火腿肉</td><td>2片</td></tr>
<tr><td>水煮蛋</td><td>1个</td></tr>
<tr><td>美乃滋</td><td>适量</td></tr>
<tr><td rowspan="4">Ⓓ</td><td>土豆</td><td>大1个</td></tr>
<tr><td>鲔鱼罐头</td><td>小1罐</td></tr>
<tr><td>美乃滋</td><td>适量</td></tr>
<tr><td>食盐、胡椒</td><td>各适量</td></tr>
</table>

面包制程数据表

制法	直接法
面筋的网状结构	薄而稍弱
混合时间	约20分钟
发酵	温度28℃~30℃
	发酵约60分钟
中间发酵	15分钟
最后发酵	温度约35℃
	发酵约50分钟
烤焙	温度约220℃
	烤焙约15分钟

所需时间
3 小时

难易度
★ ☆ ☆

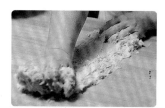

01 将Ⓐ放进搅拌盆里，参考第132页的步骤01混合材料。混合到可以整合成团时，放到工作台上，用推压的方式来混合。

02 用刮板整合起来参考第20页，揉和面团。揉和一会儿后，检查面筋的网状结构。如果可以，就进行下一个步骤。

03 将面团压平，把起酥油放在上面，用四边的面团包起来。然后，用像拉扯般的方式来混合面团与起酥油。

04 混合到硬度均匀后，再次在工作台上揉和。

05 揉和后检查面筋的网状结构。若可以撑开成图片中般的膜，就可以放进已涂抹了油脂的搅拌盆里，用保鲜膜覆盖进行发酵。

06 制作Ⓓ的鲔鱼土豆。水煮整颗的土豆，去皮，压碎。然后，加入鲔鱼（罐头）、美乃滋、食盐、胡椒，混合均匀。

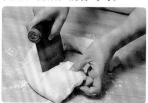

07 在工作台上撒上手粉，把步骤05发酵完成的放上去，用切面刀分割成60g重的小面团。剩余的面团均等地分给分割好的小面团。

08 在工作台上，将分割好的小面团滚圆。然后，用塑胶袋覆盖，进行中间发酵。

09 先从Ⓒ的火腿蛋面包开始塑形。首先，用手掌将滚圆的面团压平，再用擀面棍擀成比火腿肉的直径稍大的圆形。

10 先将一片火腿肉放在面团上，再从上端开始卷起，做成棒状。

11 用手指将棒状面团的收口处捏紧封好。

16 以香肠为轴，从上端开始卷起。卷完后，要像步骤11一样，用手指将末端捏紧。

21 将边缘捏紧封好，整理成圆球状。然后，把这3种都排列在已铺上烤盘纸的烤盘上，进行最后发酵。

12 横向对折后，再用切面刀在折边上的垂直方向切割出切口。

17 先将卷好的面团切成两半，再各自切成两半，总共变成4等份。

22 用毛刷将蛋液涂抹在面团表面。在火腿蛋面团上挤一圈美乃滋，再把纵切的半个水煮蛋摆上去，压嵌入面团。

13 将切口朝上，让面团立着，再将切口处横向拨开。

18 将切口朝上，排列在铝箔模里。

23 用剪刀在鲔鱼土豆面团的中央剪出十字的切口，隐约可以看到内部馅料的深度。

14 用手指按压，让面团平摊开整理成漩涡状。准备好铝箔杯，放进去。总共做2个。

19 进行①的鲔鱼土豆面团的整形。用擀面棍将滚圆的面团擀成可以放在手掌上大小的圆形。

24 将美乃滋挤到切口间。

15 进行®的香肠面团的整形。先用擀面棍将中间发酵完成的面团擀成椭圆形，在上半部涂抹上比萨酱，再把香肠摆上去。

20 将面团放在手掌上，把步骤06里做好的鲔鱼土豆舀到上面包起。面团与馅料共为110~120g重，请边称重边包馅。

25 将比萨用起司放在香肠面团上。然后，用约220℃的烤箱烤焙所有的面团约15分钟。

馅料——制作调理面包时的创意园地

只要发挥创意，稍做变化，就可以做出世界上独一无二的面包来！

洋葱起司面包

材料（1个的分量）

面团的材料与做法，请参考第136页的步骤01~08
洋葱…1/10个（切成薄片备用）
比萨用起司…适量

做法

❶将中间发酵完成的面团压平，用擀面棍擀成圆形。❷从上端折起1/3，下端也折起1/3，做成棒状。❸用手指将折起后的边缘捏紧，让收口处不致松脱下来。然后，排列在已铺了烤盘纸的烤盘上，以约35℃的温度，进行最后发酵约50分钟。❹最后发酵完成后，用剪刀纵向剪出一道切口，把切成薄片的洋葱放上去，再将比萨用起司摆上去，用220℃的烤箱烤焙约15分钟。

培根穗形面包

材料（1个的分量）

面团的材料与做法，请参考第136页的步骤01~08
培根…1片
比萨用起司…适量

做法

❶将中间发酵完成的面团压平，用擀面棍擀成圆形，再把培根叠放上去。❷从上端折起1/3，下端也折起1/3后，再对折，做成棒状。❸用手指将折起后的边缘捏紧，让收口处不致松脱开来。❹排列在已铺了烤盘纸的烤盘上，以约35℃的温度，进行最后发酵约50分钟。❺最后发酵完成后，用剪刀纵向地左右对剪出小开口。❻将比萨用起司撒上去，用220℃的烤箱烤焙约15分钟。

调理面包的起司香味能激发人的食欲，刚出炉时，最好吃喔！

鲔鱼玉米美乃滋面包

材料（1个的分量）

面团的材料与做法，请参考第136页的步骤01~08
鲔鱼罐头…小瓶1/2罐（沥干汤汁）
玉米罐头…50g　美乃滋…适量

做法

❶将中间发酵完成的面团压平，用擀面棍擀成圆形。❷将鲔鱼、玉米铺放在擀成圆形的面团上。❸从下端开始卷起。卷到末端时，用手指捏紧，让收口处不致松脱开来。❹排列在已铺了烤盘纸的烤盘上，以约35℃的温度，进行最后发酵约50分钟。❺最后发酵完成后，用剪刀纵向剪出一道开口，拨开后，把美乃滋挤进去。然后，用220℃的烤箱烤焙约15分钟。

如果您吃腻了常吃的面包，不妨自创一些独一无二的新样式吧！

您可以像研发面包的馅料一样，制作出一些在别的地方吃不到的、自己原创的面包！这也是面包制作的一大乐趣！只要您对面包制作较为熟悉，就可以利用调理面包的面团，尝试做各种不同的变化！

其实，所谓的变化很简单，就是将个人喜好的馅料放上去即可。如果再依据不同的馅料来变化塑形的方式，就可以变得更多样化了。其中最简单的，就是将面团做成棒状，在正中央纵向剪出一道开口，再把馅料放进去的方法。此外，还有先用擀面棍将面团擀平，把馅料铺在上面，再卷起来的方式，或在做成棒状的面团上纵向左右对剪出小开口，整形成穗形，也很有新鲜感！

总之，建议您多尝试各种不同的组合方式，从失败中学习，创作出您个人精心研制的调理面包！

Curry Bread

咖哩面包

这种面包具有浓厚的辛香料的香味，非常能够促进食欲！

咖哩面包

材料

（约10个的分量）

高筋面粉	200g
低筋面粉	50g
砂糖	20g
食盐	5g
脱脂奶粉	10g
新鲜酵母…9g（速溶干酵母为4g）	
水	115ml
蛋	50g
起酥油	25g

咖哩面包馅料的材料

油	1大勺
洋葱	1/4个
胡萝卜	1/8条
猪绞肉	50g
土豆	1/2个
速溶咖哩块	50g
水	适量
食盐、胡椒	适量

油炸时的材料

起酥油……2kg以上（色拉油为2Kg以上）
面包粉（图片中为本书作者的独家秘方）、蛋液…………适量

面包制程数据表

制法	直接法
面筋的网状结构	薄而弱
混合时间	约20分钟
发酵	温度28℃~30℃
	发酵约50分钟
中间发酵	15分钟
最后发酵	温度约35℃
	发酵40~50分钟
油炸	油温约170℃
	油炸约7分钟

所需时间
3小时

难易度
★★

馅料的做法

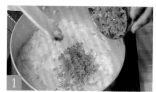

1 先制作咖哩面包的馅料备用。将油倒入锅内，用中火炒切碎的洋葱、胡萝卜。

2 等洋葱变透明后，将猪绞肉放进去一起炒。猪绞肉炒熟后，加入食盐、胡椒调味。

3 在锅内注入可以淹没材料高度的水，再用手剥碎咖哩块，放进锅内。

4 咖哩块溶解后，加入已水煮去皮压碎的土豆泥混合。

5 边试味道，边熬煮5~10分钟。如果太硬，就加点水进去。煮好后，移到托盘内放凉备用。

01 高筋面粉、低筋面粉。砂糖、食盐、脱脂奶粉放入搅拌盆混合后，用水溶解酵母后加入蛋，再混合。

02 在搅拌盆内，用手将材料混合到没有多余的水分为止。

03 混合好后，放到工作台上，用推压的方式来混合。

04 用刮板将面团整合起来，再参考第20页，以相同的方式揉和。检查面筋的网状结构，如果可以，就继续下一个步骤。

05 将面团压平，把起酥油放在上面，用四边的面团包裹起来。然后，用拉扯般的方式，混合到硬度均匀为止。

06 硬度均匀后，再次用与步骤04相同的方式揉和。揉和一会儿后，检查面筋的网状结构。

11 先将面团放在手掌上，再用橡皮刮刀等把馅料舀到面团中央。

16 排列在铺了布的烤盘上，以这样的状态进行最后发酵。

07 若可以撑开成图片中一样的膜，就将面团整理成圆形，放进已涂抹了油脂的搅拌盆里，用保鲜膜覆盖进行发酵。

12 将手掌弯曲成V字形，用橡皮刮刀等，边把馅料塞进去，边包起来。

17 将起酥油放进锅内，加热到约170℃后，把面团的收口处朝下，放进去炸，两面共需油炸7分钟。

08 发酵完成后，将面团放在已撒上手粉的工作台上，先用切面刀切成棒状，再分割成45g重的小面团。

13 边拉面团的边缘，边将馅料包起来。然后，用手指捏紧收口处，让馅料不会漏出来，再塑形成橄榄球形状。

18 等到两面都炸成黄褐色后，用捞油网捞起，让油沥干。炸油的量，请准备约可让面团浮起来的量。

09 将面团滚圆，放在工作台上，用塑胶袋覆盖，进行中间发酵。

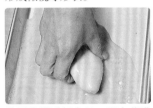

14 将蛋液倒进托盘里，用来蘸满整形好的面团表面。

Q&A

Q 为何无法将馅料密封包好？

A 如果馅料放太多了，面团就会胀大，而无法合起来。所以，最好的方法就是边计量重量边包，面团与馅料共80~90g，就可以避免这样的情况发生了。

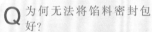

10 中间发酵完成后，先用手掌压平，再用擀面棍擀成椭圆形。

15 将面包粉放进另一个托盘里，先让面团表面均匀地蘸满面包粉，再抖搂掉多余的面包粉。

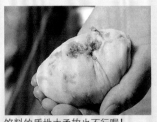

馅料的质地太柔软也不行喔！

皮洛兹赫基（Pirozhki）

材料

（5~10个的分量）
面团的材料与第140页相同
起酥油（油炸用）……2kg以上
（色拉油为2L以上）

皮洛兹赫基的馅料

油……………………………	1大勺
猪绞肉……………………………	50g
洋葱……………………………	1/4个
冬粉……………………………	8g
水煮蛋……………………………	1个
豆蔻、食盐、胡椒………	各适量

面包制程数据表

制法•**直接法**/面筋的网状结构•**薄而弱**/混合时间•约20分钟/发酵•温度28℃~30℃发酵约50分钟/中间发酵•15分钟/最后发酵•温度约35℃发酵40~50分钟/油炸•油温约170℃油炸约5分钟

01 制作馅料。将水煮蛋放进搅拌盆里，用刮板切碎。

03 洋葱切碎。将油放进平底锅内，用中火炒到透明。

02 用剪刀将冬粉剪成4等份。

04 把猪绞肉也放进去，稍微炒一下。

所需时间
3 小时

难易度
★★

05 等到猪绞肉、洋葱的水分跑出后，再加入冬粉（干燥的状态），用小火炒。如果用大火，冬粉就会干掉。

10 参考第140~141页步骤01~09，以同样的方式制作面团。中间发酵完成后，用手掌将面团压平。

15 用手指将收口处捏紧，以防面团撑开馅料漏出来。

06 先放点食盐、胡椒，调味混合。尝尝味道看，如果觉得太淡，就再加些进去调节。

11 先用擀面棍擀上半部，再边擀下半部，擀成圆形。

16 将面团压平，收口处朝下，排列在已铺了布的烤盘上，进行最后发酵。

07 加入豆蔻。加了豆蔻后，可以让风味大增，所以，建议您有的话一定要加！

12 用擀面棍边擀，边不断地将面团的方向转90°。最后，整理成可以放在手掌上大小的形状。

17 收口处朝下，放进温度约170℃的油锅里炸。请留意，若馅料包得太多或包得不好，都可能导致油喷溅出来。

08 加入切碎的水煮蛋，充分炒过。然后，再加些食盐、胡椒，加重调味，可以让风味更佳。

13 先将面团放在手掌上，用汤勺等将馅料舀进去。请注意不要装太多了，以免包不起来。

18 至少要炸5分钟，才能够让两面都炸成黄褐色。最好使用计时器，准确地计量油炸时间。

09 混合均匀后，移到托盘上，在常温下冷却。

14 用面团的四边将馅料包起来。包的时候一点点地拉面团的边缘，就可以顺利包好。

19 等到两面都炸成黄褐色后，就可以用捞油网捞起，把油沥干。

如何炸出香脆的咖哩面包？

现在，就来传授您如何制作口感非常酥脆的咖哩面包的诀窍吧！

如何炸得酥脆

首先，要确实地完成揉和步骤，将面团做好。还有，请注意，如果填塞的咖哩馅料含有太多的水分，就会渗透到面团里，而导致油炸时热油喷溅。油温请遵照食谱中的指示，加热到规定的温度。

油炸时要不断地翻面。如果单面吸了太多油，就无法炸出酥脆的口感来。

油炸成黄褐色后，要立即用捞油网捞起，将油沥干。

用起酥油来炸时

用起酥油来炸，会比用色拉油炸得更酥脆，而且炸好后，即使是冷却了，风味也较佳。但是，需使用约2kg的量来炸，锅也应准备容量大一点的。

油炸5～6个咖哩面包，所需准备的起酥油量。

加热后，会变成黄色的液体。

油炸食物如果吃起来不香脆，就不配称之为油炸食物了。同样的道理也适用于咖哩面包。

　　咖哩面包或甜甜圈等需油炸的面包，一定要炸得香脆。如果无法炸得香脆，可能因为以下几个原因。

　　首先，面团揉和不足是可能的原因之一。如果没有确实的揉和，检查面筋的网状结构是否已达到应有的状态，即使油炸了，也无法炸得酥脆。而且炸好后的面包也会变硬，风味不佳。

　　再者，可能是因为油温太低或太高。用低温

的油来炸，油炸的时间就会变久，而炸成黏腻的质地。相反的，如果油温过高，可能就会炸得中间半生不熟。

　　如果一炸好就趁热吃，用色拉油来油炸即可。但是，如果冷却了再吃，吃起来的口感就会很油腻。就这点而言，若是用起酥油来炸，即使冷却了，还是会很美味可口。所以，在本书中，建议您最好还是使用起酥油。

Pizza&Calzone

2种比萨面包与卡润

摆上自己喜欢的馅料，尝试着做自创的比萨面包吧！

2种比萨

材料

（3大块的分量）

高筋面粉	250g
砂糖	13g
食盐	5g
脱脂奶粉	5g
新鲜酵母	8g
水	150ml
橄榄油	20g

表面馅料的材料

Ⓐ 芦笋（切成1/4的长度）、香肠（切成圆片）、比萨酱、比萨用起司 …………… 适量

Ⓑ 土豆、培根（切成长条状）、比萨酱、比萨用起司 ……… 适量

面包制程数据表

制法	直接法
面筋的网状结构	厚而弱
混合时间	约15分钟
发酵	温度28℃～30℃
	发酵约40分钟
中间发酵	无
最后发酵	温度约35℃
	发酵20～30分钟
烤焙	温度约250℃
	烤焙约15分钟

所需时间
2 小时

难易度
★

146

01 将高筋面粉、砂糖、食盐、脱脂奶粉放进搅拌盆里。然后，再加入已用水溶解的新鲜酵母、橄榄油。

02 在搅拌盆里将材料混合到没有多余的水分为止。然后，移到工作台上，用推压的方式混合面团。

03 用刮板将面团整合起来，在工作台上用推压的方式继续揉和一会儿。

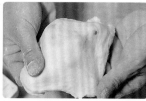

04 切下一小块面团，检查面筋的网状结构。如果能够撑开成像图片中般的样子，就可以继续下一个步骤。

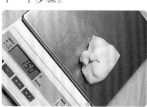

05 用磅秤来测量，分割成150g重的小面团。总共应可分成3个150g的小面团。如果有剩余的面团，也可做成第147页的卡润。

06 用手掌像要包住面团般地滚圆，放在工作台上，用塑胶袋覆盖，以这样的状态进行发酵。

07 将手粉撒在工作台上，收口处朝下放，用手掌压平，再用擀面棍擀成椭圆形。烤盘如果是正方形，就将面团擀成圆形。

08 放在已铺上烤盘纸的烤盘上。用手指按压面团的边缘，可以轻易地整理面团的厚度。进行最后发酵。

09 用手指在面团表面涂抹比萨酱。将芦笋、香肠切片放在其中一个面团上，炒过的土豆、培根放在另一个面团上。

10 将比萨用起司放在Ⓐ与Ⓑ的面团上，用约250℃的烤箱烤焙约15分钟。

卡润

材料

（约6个的分量）

高筋面粉	250g
砂糖	13g
食盐	5g
脱脂奶粉	5g
橄榄油	20g
新鲜酵母	8g
水	150ml

馅料的材料

栉瓜（英Zucchini，又名西葫芦，切成薄片）、芦笋（切成1/4长度）、培根（切成长条状）、比萨酱、比萨用起司…各适量

面包制程数据表

制法·直接法/面筋的网状结构·厚而弱/揉合时间·约15分钟/发酵·温度28℃~30℃发酵40分钟/中间发酵·无/最后发酵·温度约35℃发酵20~30分钟/烤焙·温度约250℃烤焙约15分钟

所需时间	难易度
2 小时	★ ☆ ☆

01 参考第146页的步骤01~04，以同样的方式制作面团，分割成60g的小面团，滚圆，进行发酵。然后，用手压平。

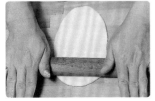

02 用擀面棍擀成约横10cm×纵15cm的椭圆形。

03 在面团的下半部涂抹上比萨酱，再将栉瓜片摆上去。

04 然后，依序将长条状的培根、切成1/4长度的芦笋也摆上去。

05 最后，将比萨用起司摆上去。请留意，不要放太多馅料了。

06 用手折起上半部的面团，覆盖在馅料上，成为对折的形状。然后，用手指按压面团边缘，封好。

07 放在铺了烤盘纸的烤盘上，进行最后发酵。再次用手指按压边缘的收口处，先用叉子在面团上打洞，再烤焙。

运用篇

沙拉比萨

材料

（约6块的分量）

面团的材料与第146页相同

表面馅料的材料

培根	100g
莴苣	1/6个
番茄	1/3个

美乃滋、帕玛森起司（Parmesan Cheese）、食盐、胡椒…各适量

做法

❶参考第146页的步骤01~04，以同样的方式制作面团。然后，分割成60g重的小面团，滚圆、发酵。发酵后，用擀面棍擀成纵20cm×横15cm大小。

❷排列在已铺上烤盘纸的烤盘上进行最后发酵。

❸将培根切成长条状，稍微炒一下，莴苣切丝，番茄去籽儿后，切丁。然后，全部放进搅拌盆里，加入美乃滋、食盐、胡椒，用橡皮刮刀充分混合。

❹将混合好的馅料摆在最后发酵完成的面团上。

❺最后，撒上帕玛森起司。

❻用约250℃的烤箱烤焙约15分钟。

用擀面棍将面团擀成厚度均匀、纵20cm×横15cm的大小。

蔬菜、培根不要切得太细，要切得稍微大一点，口感才会好。

比萨面包的馅料

香浓的起司，在有嚼劲的比萨上化开来，令人垂涎欲滴！

栉瓜培根比萨面包

将培根与栉瓜（英Zucchini）切成长条状，面团做好后，先涂抹上比萨酱，再把馅料撒放在上面。最后，摆上比萨用起司，用约250℃的烤箱烤焙约15分钟。

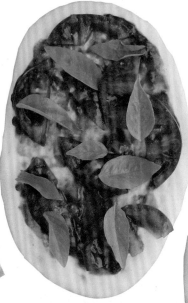

玛格丽特比萨

将新鲜番茄切成半月形。先在面团表面涂抹上比萨酱，再将番茄摆上去。然后，将罗勒（英Basil）撒放在上面，最后摆上比萨用起司，用约250℃的烤箱烤焙约15分钟。

食用蕈鳀鱼比萨面包

先将比萨酱涂抹在面团上，再将已去除坚硬底部的食用蕈（Shimeji）摆上去。然后，将切细的鳀鱼摆在剩余的缝隙间。最后，摆上比萨用起司，用约250℃的烤箱烤焙约15分钟。

※图片中为将比萨用起司摆上去前的状态。

发挥创意，制作与众不同的比萨。

一般常见的比萨是馅料多皮也厚的比萨。然而，在发源地的意大利，却是直径约40cm大小，皮很薄，馅料也很简单的比萨。日本的比萨面包则与意大利的不同，是皮很厚，馅料与起司也放很多的美式比萨。一般而言，直径约35cm的比萨是3~4人份的大小，而比萨面包可是1人份！

本书中所介绍的，用面包面团制成的比萨，也是美式的比萨。由于是利用面包面团做的，所以，请将馅料的种类尽量简化到两种左右，在品尝比萨之际，才可以同时细细品味面包的美味。

比萨面包的种类不胜枚举。不同的人，可以创作出不同的比萨。所以，建议您不妨尝试用各种不同的馅料，以不同的组合发挥创意，来制作出专属于自己的独一无二的原创比萨！

第五章
硬式面包

Column*专栏

口味单纯，却非常难做的硬式面包的制作诀窍

硬式面包的特征与软式面包截然不同！

硬式面包，原则上是由面粉、水、食盐、酵母等所组合而成的成分单纯的面包。由于成分单纯，发酵所需时间就比软式面包来得久。所以，在本书中，原则上采用先使用发酵种增强黏度，再进行面团揉和的制作方式。用直接法（第37页）来制作面包，会充分凸显所用粉类的特色。

硬式面包因为发酵速度缓慢，质地也会比较脆弱，所以，在制作的过程中就得特别小心呵护。此外，硬式面包一般外皮与内部的质地，吃起来的口感应是不同的。也正因如此，制作时大都不怎么需要揉和，就可以进行发酵了。

烤焙前，为了要让面包在出炉后质地酥脆，有时得先用大量的水将面团的表面喷湿，把烤盘放进烤箱内预热，先让烤盘变热后，再进行烤焙。

制作硬式面包的诀窍

第1点　不要揉和过度

由于硬式面包几乎不含辅料，所以，即使不进行揉和，面团也很容易就可以整合起来。尤其是法式面包，内部可以形成漂亮的不规则孔洞。

第2点　经常检查面筋的网状结构

由于不太需要揉和，很容易就会形成面筋的网状结构，为了避免揉和过度，一定要不时地检查面筋的网状结构状态。

第3点　处理面团时要动作轻柔

由于发酵进行的速度缓慢，发酵的完成时间也会比较晚。因此，在进行塑形、最后发酵等步骤时，一定要慢慢来，动作轻柔。这也是做出好吃面包的基本原则。

第4点　避免干燥

尽量避免面团变干燥！这也是适用于所有种类面包的一大准则。尤其是硬式面包，因为辅料的含量很少，特别容易变干燥，一定要用保鲜膜或湿布等覆盖保湿。

制作硬式面包时，不可或缺的麦芽糖浆到底是什么？

麦芽糖浆，是用大麦发芽时所产生的麦芽糖煮成的。它所含的α–淀粉分解酵素（α–amylase），在不含辅料的硬式面包里，成了替代砂糖的物质，有助于酵母菌的繁殖。一般的用量，为粉类的0.3%～0.5%。不过，由于日本国产与外国进口的麦芽糖浆活性不同，所以，在使用外国进口产品时，请稍微减少用量。

塔巴提鲁

小纺锤面包

传统法式面包

法式面包堪称面包之王，不同的人做出来的味道也不相同。

迷你法式棍子面包

双胞胎面包

蘑菇面包

法式面包

材料

（迷你法式棍子面包1个、小面包5个）

发酵种的材料

法式面包专用粉（乌越制粉）
................................100g
食盐................................2g
速溶干酵母....................0.5g
水..................................65ml

面团的材料

Ⓐ ┌ 法式面包专用粉（乌越制粉）
  │ 250g
  │ 食盐................................5g
  └ 速溶干酵母....................1.5g
麦芽糖浆........................0.5g
维生素C溶液......................
  1/10汤勺（用100ml的水溶解1g
  的维生素C粉末）
水..................................165ml
发酵种… 63g（只使用一部分的
  分量，剩余的部分可以用来作为
  第160页法国乡村面包"Pain de
  campagne"的发酵种）

面包制程数据表

制法	发酵种法
面筋的网状结构	薄而弱（发酵种不用）
揉和时间	约2分钟（发酵种）7～8分钟（面团）
发酵	温度28℃～30℃发酵约60分钟（发酵种）、温度28℃~30℃发酵约60分钟（面团）
中间发酵	20分钟
最后发酵	温度约32℃发酵约60分钟
烤焙	温度约230℃烤焙20～25分钟

所需时间
前日 60分钟
当日 3小时30分

难易度
★★★

发酵种的做法

1 准备好法式面包专用粉、食盐、速溶干酵母、水。

2 将除了水以外的所有材料放进搅拌盆里混合。

3 将水加入 **2** 的搅拌盆里。

4 用手在搅拌盆内混合到看不到粉末为止。

5 将面团放进已涂抹上油脂类的搅拌盆里，用保鲜膜覆盖，以28℃～30℃的温度，进行发酵约60分钟。然后，压平排气，放进冰箱冷藏1～2日。

01 先将水与麦芽糖浆放进搅拌盆里混合，再加入1/10汤勺的维生素C溶液。

02 将Ⓐ放进另一个搅拌盆里，再把材料表中的发酵种与步骤01的加入，稍微混合一下。

03 混合到看不到粉末后，放到工作台上，用推压的方式混合均匀。等到硬度变得均匀后，用手掌以推压的方式揉和。

04 图片中为揉和后达到4分程度的面筋网状结构的状态，还不是可以进行发酵的状态，所以，要继续揉和。

05 图片中为揉和后达到7分程度的面筋网状结构状态。若已经形成图片中网径粗大的膜时，就可以放进已涂抹了油脂的搅拌盆里进行发酵。

06　在工作台上撒上手粉后，取出面团放在上面，用切面刀分割成1个170g重，5个60g重的小面团。

07　分割完后，稍微滚圆，排列在工作台上，用塑胶袋覆盖，进行中间发酵。

08　将170g重的小面团塑形成迷你法式棍子面包的形状。先用手掌压平，再折成3折，做成棒状。

09　将收口处封紧。然后，在工作台上将两端滚搓得细一点。

10　将60g重的小面团塑形成5个不同的形状。制作小纺锤面包，要先将收口处捏入内侧，再将接合的部分捏紧封好。

11　蘑菇面包（Champignon）的塑形，就用切面刀将面团分割成2：8的大小。然后，将较大的那个面团滚圆。

12　用擀面棍将较小的那个面团擀薄成比大的面团还大一圈的圆形。

13　将步骤12的面团叠放在较大的面团上，用手指往中央压下去，让上下两个面团固定好。

14　先将面团滚圆，把朝下的收口处捏紧封好，整理成橄榄球的形状。用筷子等较细的棒子在正中央压出裂纹。

15　先将面团滚圆。然后用擀面棍将其中的1/4部分擀薄，再把这个部分当成盖子，盖在下半部分的面团上。

16　全部塑形完后，将布铺在烤盘上，做成凹凸的山形。然后，把面团放在山与山之间，进行最后发酵。

17　发酵完成后取出，放在烤盘纸上。用割纹刀在棍子面包的面团上割出3道斜纹，小纺锤面包割出1道纵向的纹路。

18　放在已预热过的烤盘上，先用水喷湿面团的表面，再用约230℃的烤箱烤焙20~25分钟。

Q&A

Q 面团到底要揉和多久才可以呢？

A 法式面包的魅力源自于它那吃起来的口感，外皮脆硬，内部柔软。为了要做出这样口感的面包，面团只要揉和到7分的程度，就可以进行下一个发酵的步骤了。

目标就是外皮脆硬，内部柔软。

什么是传统面包（Pain Traditionnel）？

其实在法国，并没有所谓的法式面包！

花式面包
Pain Fantasie

双胞胎面包
法文中原为裂开之意。重约100g，被正中央的线划分成两半。

佛卡司
重约350g。据说它的名称源自于拉丁语的"埋在灰中烤焙而成"之意。

蘑菇面包
因其外观而得名。重量分别为下面100g，上面10g。

穗形面包
用剪刀在面团的表面上左右对剪，就可以做出这样的形状。重约350g。

小纺锤面包
形状像橄榄球，中央有一道割纹，重为100g。

塔巴提鲁
原意为烟灰缸之意。重为100g。塑形时，要用擀面棍将面团的一端擀薄。

传统面包
Pain Traditionnel

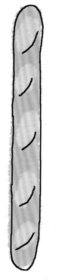   

法式棍子面包
原意为棍、棒之意。重量为350g，长为68cm。

笛子面包
重量约450g,长度为60cm，名称为乐器的笛子之意。

巴塔
重量约350g，长度约40cm。意为"中间的"。

巴黎面包
原意为巴黎人，重量约650g，长度为75cm，有5道割纹。

法国悠久的历史孕育出的优质面包——法式面包。

所谓的传统面包，就是指用面粉、水、酵母、食盐这些材料所组合而成，成分单纯的法国传统面包的统称。在日本，凡是划上割纹的棒状面包，都一律称之为"法式面包"。然而，在法国，这个名称其实是不存在的。因为在法国，传统面包依其长度与重量，还各有不同的名称！

此外，传统面包中，还有被称之为花式面包（Pain Fantasie）的以及有各种的形状的面包。一旦形状改变了，外皮的硬度、内部的柔软度也会随之改变，因而形成某种形状的面包才会有的独特口味。

一般认为，传统面包即使是用相同的材料与相同的比例来制作，不同的人，也会做出不同的口味来。也正因如此，传统面包才能成为法国人所引以为傲的面包。

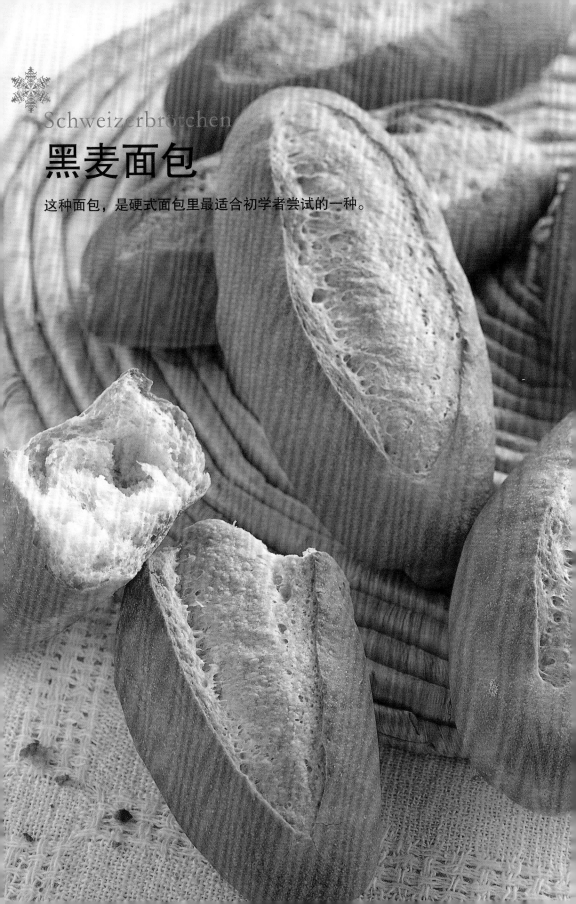

黑麦面包

Schweizerbrötchen

这种面包，是硬式面包里最适合初学者尝试的一种。

黑麦面包

材料

（约5个的分量）

水⋯⋯⋯⋯⋯⋯⋯⋯ 165ml
麦芽糖浆⋯⋯⋯⋯⋯⋯⋯ 1g
法式面包专用粉（乌越制粉）
⋯⋯⋯⋯⋯⋯⋯⋯⋯ 200g
黑麦粉⋯⋯⋯⋯⋯⋯⋯ 50g
Ⓐ 食盐⋯⋯⋯⋯⋯⋯⋯ 5g
脱脂奶粉⋯⋯⋯⋯⋯⋯ 5g
起酥油⋯⋯⋯⋯⋯⋯⋯ 5g
速溶干酵母⋯⋯⋯⋯⋯ 4g

面包制程数据表

制法	直接法
面筋的网状结构	厚而稍弱
揉和时间	约10分钟
发酵	温度28℃~30℃
	发酵约60分钟
中间发酵	15分钟
最后发酵	温度约32℃
	发酵约50分钟
烤焙	温度约230℃
	烤焙约20分钟

所需时间
3 小时

难易度
★★☆

01 先将水放进搅拌盆里，再加入麦芽糖浆，用搅拌器混合稀释。

02 将Ⓐ的材料放进另一个搅拌盆里，再把步骤01的麦芽糖浆溶液加入混合。

03 用手指在搅拌盆内混合一下。等混合到没有多余的水分时，移到工作台上。

04 在工作台上，用推压的方式混合到硬度均匀为止。硬度变得相同后，就整合成团。

05 参考第20页，用同样的方式揉和约5分钟。

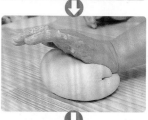
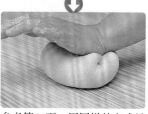

06 参考第21页，用同样的方式继续揉和面团。用手掌以向前推压的方式揉和约5分钟。推压后，将面团的方向转90°，再推压，重复这样的动作，继续揉和。揉和时的诀窍，就是要向前方推压，让面团的折边逐渐转成朝上。

07 切下一小块面团，检查面筋的网状结构。若已经形成图中厚而粗糙的膜，就可以放进抹了油的搅拌盆里进行发酵。

08 不要撒上手粉，将面团放在工作台上，分割成80g重的小面团。总共可以分割成5个。

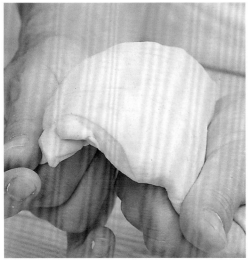

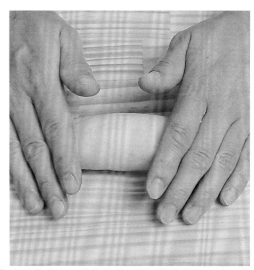

09 边将面团往下拉，边折成圆形。如果像软式面包一样，在工作台上以摩擦的方式来滚圆，就会因为力道过大而造成面团断裂。所以，这种面包的面团必须用折的方式，再稍微滚圆。

13 在工作台上，将棒状的面团两端搓得细一点。边留意状况，边将面团搓成两端一样细的棒状。

10 先将两端的面团往下折后，换个角度，再往下折，以这样的方式将所有的面团滚圆。

14 将布铺在烤盘上，做成凹凸的山形。然后，将已塑形好的面团放在山与山之间，就这样进行最后发酵。

Q&A

Q 揉和的技巧是什么？

A 揉和时的诀窍，就是要逐渐让面团的折边从靠自己的方向，转成朝上。要做到这点，最重要的不仅要光靠力量来揉和，也要慢慢而仔细地进行。

如果太用力推压，面团就会被压扁了。

Q 揉和时，为何面团会粘在工作台上呢？

A 这是因为揉和时太用力的关系。如果揉和时，由上往下压，就会因为加在面团上的力道太强，而附着在工作台上了。

如果揉和时太用力了，就很难判断是否已经揉和好了。

11 用塑胶袋覆盖，进行中间发酵。

15 将面团移到烤盘纸上，在面团的表面纵向划上一道割纹。在这段时间，先将烤盘放进烤箱内，预热烤箱与烤盘。

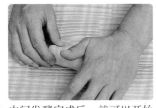

12 中间发酵完成后，就可以开始塑形了。将面团的收口处朝上放，压平。然后，折成3折，做成棒状。

16 将面团和烤盘纸一起移到变热的烤盘上，面团表面用水喷湿后，在230℃的烤箱温度下烤焙约20分钟。

面包小常识

黑麦有什么特性?

黑麦面包为什么不会膨胀起来呢?

面粉做成的面包与黑麦做成的面包的剖面图

左图为吐司,右图为"黑麦粗面包(Pumpernickel)",是黑麦的含量比例很高的面包的剖面图。可以看得出右图的黑麦面包,像海绵般的质地塞满了整个面包的内部。

吐司

黑麦粗面包

面粉

性质

揉和后会产生黏性
与弹性

↓

可以形成面筋的
网状结构

↓

变成松软的面包

黑麦粉

性质

揉和后只会产生
黏性

↓

不会形成面筋的
网状结构

↓

变成质地厚重而
湿润的面包

黑麦含量高的面包的吃法

由于黑麦面包的质地厚重,吃起来又很有嚼劲,建议您切成薄片来享用。如果切成厚片,口感不好且不容易入口。

因为质地比较容易松散,所以要慢慢地切喔!

用黑麦制作面包时,要与面粉一起混合。

所谓的黑麦粉,是用与小麦很像的麦类所制成的粉,虽然与面粉相同,都可以用来制作面包,却有两点与面粉大不相同。

第一点,就是黑麦即使用水来揉和,也无法形成面筋的网状结构。这是因为黑麦中的蛋白质里,不含小麦壳蛋白(Glutenin)这种可以形成面筋的网状结构的物质。因此,用黑麦制作面包时,一般都会混合面粉。第二点,就是黑麦粉比面粉更具吸水力。所以,做好的面包就会变成含水量高、质地湿润的面包。

用黑麦粉做的面包还有一个优点,就是跟面粉做的面包比起来,质地较厚重,口感扎实,吃了比较有饱足感,还含有丰富的优质蛋白质。所以,很适合用来减肥!

法国乡村面包

Pain de campagne

这种自然风味的乡村面包，可以说是法国的代表食物！

法国乡村面包

材料

（约2个的分量）

发酵种的材料

法式面包专用粉（乌越制粉）
...............................250g

食盐.....................................5g

发酵面团.....15g（使用第152页
中法式面包所剩余的发酵种）

水.................................165ml

面团的材料

法式面包专用粉（乌越制粉）
...............................213g

黑麦粉.................................37g

食盐.....................................5g

速溶干酵母...........................1.5g

麦芽糖浆................................1g

维生素C溶液.....1/5茶勺（用
100ml的水溶解1g的维生素C粉
末）

水.................................170ml

面包制程数据表

制法	发酵种法
面筋的网状结构	薄而弱（发酵种不用）
揉和时间	2分钟（发酵种） 7~8分钟（面团）
发酵	常温发酵15~20小时（发酵种）、温度28℃~30℃ 发酵约90分钟，压平排气后45分钟（面团）
中间发酵	20分钟
最后发酵	温度约32℃ 发酵70~90分钟
烤焙	温度约240℃烤焙15分钟、温度约220℃烤焙约25分钟

所需时间

前日 **5**分钟

当日 **5**小时**30**分

难易度

★★★

发酵种的做法

1 准备好法式面包专用粉、食盐、发酵面团、水。发酵面团请使用第152页中法式面包所剩余的发酵种。

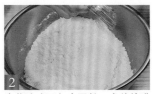

2 先将法式面包专用粉、食盐放进搅拌盆里。

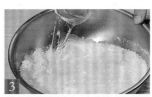

3 依序将发酵面团、水放进步骤**2**的搅拌盆里。

4 在搅拌盆内将材料混合到没有多余的水分为止。然后，放到工作台上，用推压的方式混合到硬度均匀。

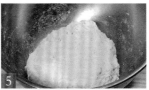

5 将面团放进搅拌盆里，用保鲜膜覆盖，在常温下，进行发酵15~20小时。

01 将法式面包专用粉、黑麦粉、食盐、速溶干酵母放进搅拌盆里。

02 将已预先做好的步骤**5**的发酵种用刮板边切边放进步骤01的搅拌盆里。

03 将水放进另一个搅拌盆里，加入麦芽糖浆，稀释后，再加入维生素C溶液。

04 将步骤03加入步骤02的搅拌盆里，用手指混合到没有多余的水分为止。

05 放到工作台上，用像拉扯般的方式混合到硬度均匀。然后，用刮板整合成团，进行揉和。

06 在工作台上，以推压的方式揉和。揉和时，要不断地变换面团的角度，揉和到质地变得光滑为止。

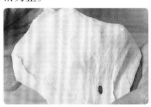

07 揉和一会儿后检查面筋的网状结构，若形成图中略粗糙的膜，就可放入已抹油的搅拌盆，用保鲜膜覆盖进行发酵。

08 在工作台上撒上手粉，把面团放上去，压平排气后，将面团的四边折向中央，收口处朝下放，继续进行发酵。

09 发酵完成后，放在已撒上手粉的工作台上，分成2等份。然后用两手把面团往靠近自己的方向滚动，以此方式滚圆。

10 将面团放在工作台上，用塑胶袋覆盖，进行中间发酵。

11 先在发酵藤模（第162页）内撒上法式面包专用粉备用。撒上后，如果移动了藤模，附着在模内的粉就会脱落。

12 面团压平后，再次用两手把面团往靠近自己的方向滚。将面团的收口处朝上，放进发酵藤模里，再用手压平。

13 面团完成中间发酵后，要先压平，摺成3折，做成棒状，再把收口处朝上放进发酵藤模内。

14 将面团的收口处朝上，放进发酵藤模里，再压平，让面团能够配合藤模的形状。

15 放在烤盘上，再放进大的塑胶袋里，开口绑好进行最后发酵。

16 发酵完成后，小心地将发酵藤模倒扣在烤盘纸上。方形的面团要用割纹刀割出两道斜纹。

17 圆形的面团用筷子或棒子等，在表面不规则地打洞。

18 面团表面用水喷湿后，先用约240℃的温度烤焙约15分钟，再将温度调降成约220℃，烤焙约25分钟。

Q&A

Q 如果没有发酵藤模，可以做吗？

A 可以。在进行塑形时，先将面团压平，摺成3折，做成棒状。然后，用布做成凹凸的山形，把面团放在山与山之间，进行最后发酵，再烤焙，就可以了。

由于面团的质地很柔软，所以，在布上也要撒上手粉。

面包小常识
什么是发酵藤模?

以下，为您介绍可以将面团塑造成独特形状的发酵模。

方形

除了可以用来制作法国乡村面包（法Pain de campagne）之外，也可以用来制作布洛特（德Brot）类的面包。

圆形

可以避免面团在发酵时散掉或变形。要先撒上手粉后，再把面团放进去。

利用发酵藤模变化出各式各样的形状

1 马蹄形

马蹄的形状。将面团压平后，卷起来，做成U字形。

2 圆形

面团分割后，滚圆，再用割纹刀在表面划上网状纹路。

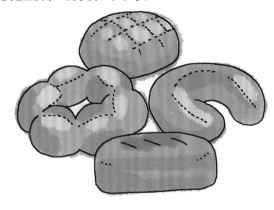

3 樱花形

放进圆形藤模里，再烤焙成类似樱花的形状。

4 方形

使用没有铺上布的藤模。

只要使用发酵藤模，就可以将面团塑造成自然的形状了。

法国乡村面包（Pain de campagne）源自于法国南部。这种面包在进行最后发酵时所使用的模，称之为发酵藤模（Banneton）。发酵藤模有各式各样不同的种类，有的里面贴着麻布，还有方形或圆形等。使用这种容器的目的，就是要让面团在发酵时，可以配合容器的形状膨胀变大，让烤焙后的面包可以变成各式各样的形状。此外，将面团放进藤模里还有一个目的，就是可以避免面团散掉变形。如果使用的是内侧没有贴上麻布的，就要先用粉筛将粉撒上后，再将面团放进去，进行发酵。

制作法国乡村面包时，除了可以使用方形或圆形的发酵藤模做成同样的形状之外，各个地方做出来的形状也不尽相同，可以变化出圆形、类似樱花形等，形状的种类非常丰富。当您熟悉了用法之后，除了制作发酵藤模原有的形状之外，不妨也试着变化出各种不同的形状来吧！

Grissini

意大利面包棒

这是一种适合用来当做意大利面和酒的配菜来享用的棒状面包。

意大利面包棒

材料

（约40根的分量）

发酵种的材料

法式面包专用粉（乌越制粉）
..................................100g
食盐..................................2g
速溶干酵母..........................1g
水....................................68ml

面团的材料

法式面包专用粉（乌越制粉）
..................................250g
发酵种...... 50g(不用全部使用)
食盐..................................5g
速溶干酵母..........................4g
水....................................125ml
麦芽糖浆..............................1g
橄榄油................................13g
硬粒小麦粉（法Semoule de ble，最后调味用）........适量
大蒜粉（最后调味用）......适量
白芝麻（最后调味用）......适量

面包制程数据表

制法	发酵种法
面筋的网状结构	厚而弱（发酵种不用）
揉和时间	约2分钟（发酵种）约15分钟（面团）
发酵	温度25℃～28℃发酵约60分钟（发酵种）温度25℃～28℃发酵约50分钟（面团）
中间发酵	无
最后发酵	温度约33℃发酵20～30分钟
烤焙	温度约180℃烤焙15～20分钟

所需时间

前日 **60**分钟
当日 **2**小时

难易度
★★☆

发酵种的做法

1 先将法式面包专用粉、食盐、速溶干酵母放进搅拌盆里，再加入水。

2 在搅拌盆内，将材料混合均匀到没有多余的水分，搅拌盆的边缘不会黏着面糊为止。

3 将面团留在搅拌盆里，用保鲜膜覆盖，进行发酵。

4 发酵完成后，在搅拌盆里，用刮板边混合，边轻轻地压平排气。

5 将面团从搅拌盆里取出，装进塑胶袋里，放进冰箱冷藏1日。装入时，要在塑胶袋内多留点空间，让面团发酵时可以顺利膨胀起来。

01 将法式面包专用粉、发酵种、食盐、速溶干酵母放进搅拌盆里，再加入已用水稀释的麦芽糖浆、橄榄油。

02 在搅拌盆内，混合到没有多余的水分为止。

03 放到工作台上，用拉扯般的方式混合到硬度均匀为止。

04 等到可以整合成团时，就用向前推压的方式来揉和。

05 表面稍微变得光滑后，就可以放进已涂抹了油脂类的搅拌盆里，进行发酵。

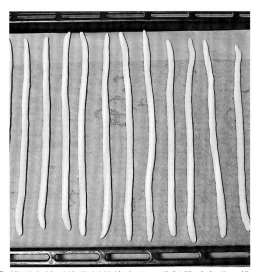

06 发酵完成后，用切面刀分割成12g重的小面团，总共可以分割出约40个。

13 排列在铺了烤盘纸的烤盘上，进行最后发酵。排列在烤盘上时，要整齐地排列好。

07 先用手掌压平，再由上往下卷，做成棒状。

10 用手滚成约30cm的长度。一开始，先将正中央的部分滚细，再将左右两端滚细。

14 白芝麻口味的意大利面包棒，要光用蘸湿的海绵或湿布蘸面团的表面，再蘸白芝麻，才不会掉落。

08 在工作台上搓棒状面团，拉长到约与手同宽的长度。等到40根全部完成后，就从最先完成的那根开始，进行塑形。

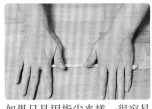

11 如果只是用指尖来搓，很容易就会变得粗细不均。所以，在面团拉长到了一个程度后，就要换用手掌，力道均等地搓。

15 只要将芝麻蘸满部分的表面即可。然后，排列在烤盘上，进行最后发酵。

09 开始塑形。先用手掌将面团压平，对折，再次做成棒状。

12 混合硬粒小麦粉、大蒜粉后，放进托盘里，用来沾满面团的表面。

16 面团表面用水喷湿后，用180℃的烤箱烤焙15～20分钟。

面包小常识
意大利面包简介

意大利的气候与风土所孕育出的面包

制作面包的原料——小麦，几乎都是意大利本国产的。由于地形南北狭长，不同区域都可以看到地方色彩浓厚的面包，种类丰富。据说全意大利的面包种类多达3000种。其中，又以口味单纯，不致影响到料理味道的面包居多。在意大利北部，因为盛产硬粒小麦粉，所以，有时会用其蘸满面包的表面。在南部，则常用橄榄油来蘸面包吃。

1
潘娜多妮
这是一种使用了大量干燥水果，黄油含量很高的面包，意大利人经常在圣诞节时享用。

2
佛卡夏
这是一种外形平坦的意大利面包。可以在表面的打洞上做些变化，让佛卡夏的造型更加多样化。

3
罗赛塔
"Rosetta"为Rose（玫瑰）的昵称，因其玫瑰般的形状而得名。是硬式面包的一种。

4
意大利面包棒
这是一种外观像棍棒，口感酥脆的面包。常被用来搭配意大利面一起享用或当做点心来吃。

意大利不仅有意大利面，面包也极具地方色彩且种类繁多。

意大利的地形南北狭长，各地都有地方色彩浓厚的面包，种类极多。其中，比萨发源自那波利（Napoli），经由美国的移民传到了日本。据说意大利传统的馅料为番茄糊、罗勒、橄榄油等，基本上都是很简单的素材。像日本那样摆满了多种馅料的比萨，在意大利可以说是少之又少。此外，外观细长，像棍棒的意大利面包棒（意Grissini）一般在意大利是用来和意大利面一起吃的。

表面上摆了橄榄、迷迭香的平板面包佛卡夏（意Focaccia），名称居然源自于"乳房"之意，令人莞尔。在意大利当地，通常被当做汤或沙拉的配菜来享用。另外，被用来配合节气的应景面包也很多，例如：圣诞节时吃的潘娜多妮（意Panettone）、形状像鸽子的可隆巴（意Colomba），都是极具代表性的面包。

凯萨森梅尔

罂粟花籽的芳香与风车的外形，是这种德国面包的特征。

凯萨森梅尔

材料

（约7个的分量）

发酵种的材料

法式面包专用粉（乌越制粉）
·················· 63g
速溶干酵母·············· 0.5g
水····················38ml

面团的材料

Ⓐ ┌ 法式面包专用粉（乌越制粉）
  │ ·················· 187g
  │ 食盐 ··············· 5g
  │ 起酥油 ··············· 8g
  └ 速溶干酵母············· 1.5g
麦芽糖浆·················1g
水···················· 125ml
白芝麻、黑罂粟花籽（Poppy
Seed）（最后装饰用）···各适量

面包制程数据表

制法	发酵种法
面筋的网状结构	厚而稍弱（发酵种不用）
揉和时间	约2分钟（发酵种）约10分钟（面团）
发酵	温度25℃～28℃发酵15～20小时（发酵种）、温度28℃～30℃发酵约70分钟
中间发酵	15分钟
最后发酵	温度约33℃发酵约40分钟
烤焙	温度约230℃烤焙约20分钟

所需时间
前日 5 分
当日 3 小时

难易度
★★☆

发酵种的做法

1 先准备好法式面包专用粉、速溶干酵母、水。

2 将法式面包专用粉、速溶干酵母放进搅拌盆里，再加入水。

3 在搅拌盆内，将材料混合均匀到没有多余的水分为止。

4 等混合到可以整合成团时，用保鲜膜覆盖，以25℃～28℃进行发酵15～20小时。

5 发酵完成后，将面团装进塑胶袋里，挤压出袋里的空气后，把开口绑紧。然后，放进冰箱冷藏15～20小时。

01 先用水稀释麦芽糖浆，倒入Ⓐ的材料里，混合到没有多余的水分为止。然后，将发酵种撕碎，也加入混合。

02 等到混合成团后，就放到工作台上。然后，用刮板仔细地刮取还粘在搅拌盆上、手上的面屑，与面团整合在一起。

03 用拉扯般的方式将面团混合到硬度均等。

04 用刮板整合成团后，在工作台上，以推压的方式揉和约10分钟。

05 切下一小块面团，检查面筋的网状结构。如果可以撑开成像图片中般的膜，就可以整合成团，继续下一个步骤。

06 将面团放进已涂抹上油脂类的搅拌盆里，用保鲜膜覆盖，进行发酵。

11 再用手掌滚圆。然后，将收口处捏紧封好，让收口看起来不致太明显。

16 将面团的表面朝下，放在步骤12中用过的烤盘上，进行最后发酵。

07 发酵完成后，放在已撒上手粉的工作台上，用切面刀分割成约60g的小面团。若有剩余，均等分给这些面团。

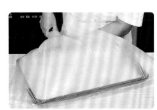

12 先将布铺在烤盘上，再把面团的收口处朝下，排列上去。然后，整个放进大塑胶袋里，开口封好，静置约15分钟。

17 最后发酵完成后，将面团表面朝上，排列在铺在工作台的烤盘纸上。再移到已经预热过的烤盘上。

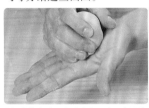

08 用手掌轻轻地滚圆。也可以参考第27页，以相同的方式在工作台上滚圆。

13 时间过后，用凯萨压模（英Kaiser Stamp）在其中的一面压出风车的形状。

18 最后，用水喷湿表面，再用约230℃的烤箱烤焙约20分钟。

09 将面团排列在工作台上，用塑胶袋覆盖，进行中间发酵。

14 准备好湿布，用来蘸湿压了风车形状的那面。然后，用那面来蘸白芝麻或黑罂粟花籽。

Q&A

Q 如果没有凯萨压模（Kaiser Stamp），要如何塑形呢？

A 可以准备像筷子这样的棒子，将面团重新滚圆后，压上十字形。然后，将面团蘸湿，再蘸上芝麻或罂粟花籽，用手掌滚圆。

10 中间发酵完成后，用手掌将面团轻轻地压平。

15 蘸上了白芝麻或黑罂粟花籽后，用手掌将面团稍微滚圆。

用棒子压时，要小心，不要将面团切断了。

德国面包简介

德国的面包，种类丰富而且各有各的特色。

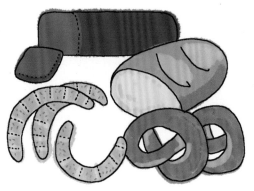

德国面包，原料的种类、面包的大小、形状、制法等都非常的多样化。除了面粉之外，大多使用黑麦、多壳杂粮粉等来制作面包。因此，做出来的面包大多质地扎实，有嚼劲。面包依其重量、面团材料的比例不同，名称也就不同，这种极度讲求合理的做法，不愧是德国人的作风！

1 黑麦粗面包

这是一种使用了将近100%黑麦粉而制成的德国北部地区特有的面包。烤焙时需要隔水加热，一般需要长达45小时才能完成，是一种非常耗费功夫的大型面包。

2 白面包

这是一种用100%面粉做成的面包，是小麦面包（德Weizenbrot）的一种。重约450g，为硬式面包。

3 布雷结

这是一种带有宗教涵义的小型的小麦面包。它的做法非常独特，要先用碱性溶液浸渍过，再烤焙。

4 荷伦韩

撒上藏茴香（英Caraway）或岩盐后烤焙而成的面包。塑形时要边拉面边，边卷成棒状。

合理的面包分类法，非常符合德式作风。

在德国，最大众化的面包就是黑麦粉与面粉混合后制成的面包。面包的做法，会依照材料比例的不同而改变。所以，据说全德国其实有300种以上的面包。

面包的名称，依照制作原料、面包的尺寸大小而有所不同。首先，重量在500g以上的面包，称之为"布洛特'Brot'"，包装、售卖时，一定要标示清楚。其中，以面粉为主而制成的，称之为小麦面包（Weizenbrot）；黑麦粉的用量比面粉多的，称之为混合黑麦面包（Roggenmischbrot）。所以只要听到面包的名称，就可以知道面包的材料比例了，这就是德国面包的特征。

此外，还有像柏林人（Berliner）、黄油面包（Butterkuchen）这样口味单纯的点心面包，种类非常的丰富！

Pain aux céréals

杂粮面包

吃这种面包的时候，杂粮浓厚的风味会在口中飘散开来！

杂粮面包

材料

（约4个的分量）

发酵种的材料

法式面包专用粉（乌越制粉）
·······················100g
食盐·························2g
速溶干酵母·················0.5g
水·························65ml

面团的材料

Ⓐ
法式面包专用粉（乌越制粉）
·······················125g
黑麦粉······················63g
荞麦粉······················25g
栗粉······13g（如果没有，就
以荞麦粉或黑麦粉来补足所需
分量）
燕麦粉······················25g
食盐·························5g
速溶干酵母····················2g
水·························175ml

白芝麻、葵花籽（先炒过）······
·························各13g

杂粮的材料

葵花籽、南瓜籽、燕麦粉（或燕
麦片）、粗玉米淀粉、白罂粟子
·························各20g

面包制程数据表

制法	发酵种法
面筋的网状结构	厚而弱（发酵种不用）
揉和时间	约2分钟（发酵种）约10分钟（面团）
发酵	温度28℃～30℃发酵约60分钟（发酵种）温度28℃～30℃发酵约60分钟（面团）
中间发酵	15分钟
最后发酵	温度约32℃发酵约60分钟
烤焙	温度约230℃烤焙约25分钟

所需时间
前日 **60** 分钟
当日 **3** 小时 **30** 分

难易度
★★☆

x

发酵种的做法

1 准备好法式面包专用粉、食盐、速溶干酵母、水。

2 将水以外的材料放进搅拌盆里混合。

3 将水放进步骤**2**的搅拌盆里。

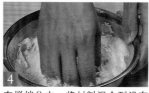

4 在搅拌盆内，将材料混合到没有多余的水分为止。

5 将面团放进已涂抹上油脂类的搅拌盆里，用保鲜膜覆盖，在28℃～30℃的温度下，进行发酵约60分钟。然后，压平排气，放进冰箱冷藏1～2日。

01 将面团的材料Ⓐ与发酵种全部的量，放进搅拌盆里。由于材料很多，最好准备大一点的搅拌盆。

02 在搅拌盆里，混合到没有多余的水分为止。等到可以整合成团后，放到工作台上，用拉扯的方式混合到硬度均匀。

03 整合成团后，用先摔打再覆盖的方式，揉和到面团不会粘手为止。

04 在工作台上，用推压的方式继续揉和。

05 揉和一会儿后，检查面筋的网状结构。若可以撑开成图中的膜，就可以进行下一个步骤。

x

06 先将面团压平，再把已先炒过的白芝麻和葵花籽放在上面，用面团包裹成圆形。

11 小面团全部滚圆后，排列在工作台上，用塑胶袋覆盖，进行中间发酵。

16 排列在烤盘纸上。为了避免面团变形，请用木板等器具做辅助，小心移动。

07 在工作台上，用推压的方式混合材料与面团。刚开始时，可能会很难混合，请耐心地不断揉和。

12 用手掌将面团压平成椭圆形，先折成3折，做成棒状，再将面团的两端搓细。

17 在面团表面纵向划上两道割纹。划的时候，要动作迅速，割纹刀才不会粘在面团上。

08 混合好后，放进已涂抹了油脂类的搅拌盆里，用保鲜膜覆盖，进行发酵。

13 将用蘸湿的布或海绵放在托盘内，把塑形后的面团正面蘸湿。

18 让面团留在烤盘纸上，就这样整个移到已预热好的烤盘上，表面用水喷湿后，用约230℃的烤箱烤焙约25分钟。

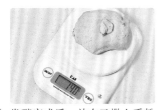

09 发酵完成后，放在已撒上手粉的工作台上，用切面刀分割成140g重的小面团，总共可以分割出4个。

14 将混合好的杂粮放进另一个托盘内，让面团的正面蘸满杂粮。

Q&A

Q 揉和时，杂粮会掉出来，怎么办？

A 揉和前，最好将杂粮稍微压入已压平的面团表面里。再用面团把杂粮包裹起来，就可以比较顺利地开始揉和了。

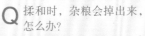
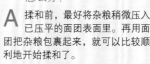

10 在工作台上，将小面团轻轻滚圆。只要让面团在工作台上稍微滚一下，让它变圆一点即可。

15 将布铺在烤盘上，做成凹凸的山形。然后把已蘸上杂粮的面团放在两山之间，进行最后发酵。

先将杂粮包裹起来。

面包小常识
天然而营养丰富的杂粮

杂粮是一种含有维生素、矿物质等元素，营养极为丰富的食材。

杂粮

大部分用来制作面包或糕点的杂粮，都均匀地混合了多种类的杂粮谷物。但是，也有只混合了芝麻、葵花籽等种子类的杂粮食品。

美滋力

就是在杂粮里又混合了干燥水果、坚果的杂粮食品。除了可以用来制作面包之外，还可以淋上牛奶或优格来吃。

格拉诺拉

就是在美滋力（Muesli）里又添加了植物性油脂、蜂蜜等，再烤过的杂粮食品。最普通的吃法，就是淋上牛奶，当做早餐吃。

当今备受瞩目的杂粮，究竟是什么？

杂粮，是连米或小麦都无法比拟的超级谷物！

杂粮具有非常丰富的营养成分。其中，最受瞩目的就是仙人谷（英Amaranthus caudatus）与藜麦（英Quinoa）。因为它们与其他的杂粮比起来，仙人谷的植物性蛋白质含量更高。同时，在米与小麦中，人类所需的营养成分——氨基酸中的离胺酸（英Lysine）及矿物质含量相对不足，但是在这两种杂粮中却很丰富。尤其是仙人谷，食物纤维的含量是大米的9倍之多，将其与米或小麦混合，就可以更加全面地摄取营养了。

仙人谷

藜麦

杂粮的魅力，就在于它那种嚼劲和清爽的口感。

一般而言，小米、黍、稗、带壳燕麦、荞麦粉等除了米、麦以外的谷物，都称之为杂粮。由于杂粮与精米白面相比，蛋白质、各种矿物质、维生素、食物纤维等的含量都更加丰富。因此，近年来，杂粮已被认定为是健康食品而备受瞩目。再加上杂粮的热量很低，所以，也被当做一种极为有效的减肥食品。

制作面包时，可以在市面上购买到均匀地混合了燕麦、麦麸等天然组合的杂粮。然而，杂粮是无法单独用来制作面包的，必须与面团混合，或装饰在做好的面团表面，一起烤焙，当做一种增添风味的素材来使用。

制作杂粮面包时，请尽量选购新鲜的食材来使用。开封后，要避免放置在日晒或潮湿的地方，并保存在阴凉之处。

红酒面包

这是一种混合了红酒的面包，腰果是增添其美味的关键所在I

红酒面包

材料

（约3个的分量）

发酵种的材料

法式面包专用粉（乌越制粉）
...............................100g
食盐.......................2g
速溶干酵母...........0.5g
水.........................65ml

面团的材料

Ⓐ ┌ 法式面包专用粉（乌越制粉）
    │.........................225g
    │ 黑麦粉...............25g
    │ 砂糖..................5g
    │ 食盐..................5g
    │ 黄油..................5g
    └ 速溶干酵母.........2g

发酵种.....38g(不用全部使用)
红酒.......................170g
腰果（先烤过）.........63g
萨尔塔那葡萄干（英Saltana
Raisin，与面团揉和的前日先用
红酒浸渍备用）.........25g

面包制程数据表

制法	发酵种法
面筋的网状结构	厚而稍弱（发酵种不用）
揉和时间	约2分钟（发酵种）约20分钟（面团）
发酵	温度22℃～25℃发酵约60分钟（发酵种）、温度28℃～30℃发酵约70分钟，压平排气后30分钟（面团）
中间发酵	20分钟
最后发酵	温度约32℃发酵60～70分钟
烤焙	温度约230℃烤焙约30分钟

所需时间

前日 **60** 分钟

当日 **4** 小时

难易度

★★☆

176

发酵种的做法

1 准备好法式面包专用粉、食盐、速溶干酵母、水。

2 将水以外的材料放进搅拌盆里混合。

3 将水放进步骤 **2** 的搅拌盆里。

4 在搅拌盆内，用手将材料混合到没有多余的水分为止。

5 将面团放进已涂抹上油脂类的搅拌盆里，用保鲜膜覆盖，进行发酵约60分钟。然后，压平排气，放进冰箱冷藏1～2日。

01 将Ⓐ的材料与发酵种放进搅拌，再加入已热过蒸干了酒精成分的红酒。

02 在搅拌盆里，将整体混合到没有多余的水分为止。等混合均匀看不到粉末后，放到工作台上。

03 在工作台上用拉扯的方式混合到硬度均匀。然后，用刮板刮取粘在手上或工作台上的面屑，与面团整合在一起。

04 参考第21页，用同样的方式揉和约5分钟后，再用推压的方式，继续揉和约15分钟。

05 切下一小块面团，检查面筋的网状结构状态。如果已经形成像图片中般的膜，就可以进行下一个步骤。

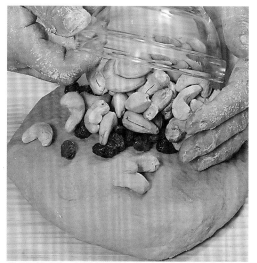

06 将面团压平，再把腰果与前日已先用红酒浸渍过的萨尔塔那葡萄干放在上面，用面团包裹起来。

13 将布铺在烤盘上，做成凹凸的山形，再把已整形好的面团放在两山之间。如果用的是一般家用的烤盘，应该可以排列3个。然后，进行最后发酵。

07 用先摔打再覆盖的方式，将腰果、葡萄干与面团均匀混合。揉和时，腰果可能会掉出来，请再塞回面团里，继续揉和。

10 排列在工作台上，用塑胶袋覆盖，进行中间发酵。

14 将烤盘纸铺在工作台上，用木板等器具辅助，小心地把面团移到烤盘纸上。

08 大致上混合好后，放进已涂抹了油脂类的搅拌盆里，用保鲜膜覆盖，进行发酵。

11 中间发酵完成后，将面团的收口处朝上，放在已撒上手粉的工作台上，用手掌压平，折成3折。

15 在面团表面纵向划上一道割纹。划的时候的诀窍就是，要动作迅速，面团表面才不会皱。

09 发酵完成后，放在已撒上手粉的工作台上，用切面刀分割成180g重的小面团。然后，将小面团一个个轻轻地滚圆。

12 在工作台上，将面团搓成棒状。不要搓得太细，出炉后的面包才够宽。

16 让面团留在烤盘纸上，就这样整个移到已预热好的烤盘上，表面用水喷湿后，用230℃的烤箱烤约30分钟。

177

如何去除红酒里的酒精成分？

传授您一个诀窍，可以让红酒在酒精蒸干后呈现出漂亮的红宝石颜色！

熬煮红酒的方法

将红酒倒入锅内，熬煮到沸腾。如果冒出火焰，就从炉火上移开，用吹气的方式灭火，让酒精蒸发。

重点

因为会冒出火焰，进行时请注意周遭的安全。

由于红酒在熬煮后会冒出蓝色的火焰，所以，事前一定要先检查火炉周围是否有易燃物。还有，吹气时要小心，不要太过用力，以免周围的物品着火。

熬煮到这样就可以了！

红酒要先煮沸后再用。

红酒面包，是一种添加了红酒的具有浓醇芳香的面包。

制作红酒面包时，要先将红酒里的酒精成分蒸干，才能与面包的材料混合。如果没有这样做，而直接使用红酒，不仅面包做好后会有残留的酒味，也会影响到面团的揉和。所以，一定要先将酒精蒸干后再用喔！

要蒸干红酒的酒精成分，做法其实很简单。只要将红酒倒入锅内，小心不要让它冒出火焰，慢慢熬煮即可。这是利用水与酒精沸点不同的原理，让沸点较低的酒精在水还没沸腾前就已经先蒸发的方式来蒸干酒精。不过，进行时，要特别小心火焰，以免酿成灾害。

虽然在制作面包时并不需要有酒精的成分，保存面包时却能够派上用场。做法就是在面包装进塑胶袋后，把酒精喷雾在面包表面来防止发霉。吃的时候，只要将面包烤过，酒精就会挥发了。

Brezel

布雷结

布雷结在德国可是面包店的一种商标呢！

布雷结

材料

（约7个的分量）

法式面包专用粉（乌越制粉）
·····························250g
砂糖··························5g
食盐··························5g
脱脂奶粉·······················5g
起酥油·························8g
新鲜酵母·······················8g
水·························125ml
岩盐（最后调味用）··········适量

碱性溶液的材料

氢氧化钠······················60g
水···························2L

面包制程数据表

制法	直接法
面筋的网状结构	厚而弱
揉和时间	约15分钟
发酵	温度28℃~30℃
	发酵约30分钟
中间发酵	10分钟
最后发酵	温度约32℃
	发酵约30分钟
烤焙	温度约230℃
	烤焙约18分钟

所需时间
2小时30分

难易度
★★★

01 将法式面包专用粉、砂糖、食盐、脱脂奶粉、起酥油放进搅拌盆里，再加入已用水溶解的速溶干酵母。

02 在搅拌盆内，混合到没有多余的水分为止。等到可以整合成团时，放到工作台上，用推压的方式揉和到硬度均匀为止。

03 在工作台上，用推压的方式揉和到表面变得光滑为止。

04 检查面筋的网状结构，若可以撑开成像图中的膜，就可以放进已涂了油脂的搅拌盆里，用保鲜膜覆盖，进行发酵。

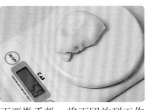

05 不要撒手粉，将面团放到工作台上。然后用切面刀分割成55g的小面团。若还有剩余，就均等地分给已分割好的小面团。

06 用手掌轻轻滚圆。由于面团的质地较硬，与其在工作台上进行，倒不如用手掌，比较能够顺利滚圆。

07 排列在工作台上，用塑胶袋覆盖，进行中间发酵。

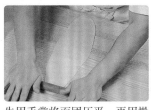

08 先用手掌将面团压平，再用擀面棍擀薄成长40~50cm的椭圆形。

09 从面皮的上端开始卷起，卷的时候，边拉着下端，就可以顺利卷完。

10 在工作台上搓成约60cm长，中央微粗的棒状。由于面团的质地较硬，容易滑动，所以先用湿布将工作台蘸湿后再进行。

11 步骤10的面团搓成棒状后，先像图片中般交叉成一个圆形，再把两个末端往上提，粘贴在较粗的部分上，塑形成布雷结的形状。用手指将末端压紧固定，以免在烤焙的过程中松脱。

12 将布铺在烤盘上，把塑形好的面团排列上去。因为无法一次全部放入，请分成两次来烤焙。让面团进行最后发酵。

13 准备塑胶质的容器，调制碱性溶液。请先在底下铺上塑胶垫等，以免溶液飞溅，造成危险。

14 混合氢氧化钠与水。请使用搅拌器，不要让手沾到，避免危险。

15 将最后发酵完成后的面团整个浸在碱性溶液里。进行时，一定要先戴上手套，以避免溶液沾到手。

16 先将抛弃式烤盘纸铺在烤盘上，再把浸过碱性溶液的面团排列上去。然后用割纹刀在面团较粗的部分划割纹。

17 把岩盐撒在割纹上。

18 表面用水喷湿，用约230℃的烤箱烤焙约18分钟。如果还没烤出颜色，可以再多烤20分钟左右。

Column 专栏

造型独特的布雷结

布雷结这种面包，已经成为德国面包店的一种象征。它的造型，是模仿面朝基督教教堂祈祷的人的身形而来。虽然，要先用碱性溶液浸渍后再烤焙，颇费功夫，但是，经过这道工序后，出炉的布雷结就会带着独特的香气，并呈现出漂亮的褐色，风味绝佳。

使用过的容器，一定要清洗干净！

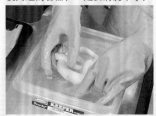

操作时，如果没有戴上手套，就会有轻度灼伤的危险！

Q&A

Q 氢氧化钠，在市面上可以买得到吗？

A 制作香味特殊的布雷结时，氢氧化纳是个不可或缺的材料。但是，氢氧化纳是一种具有强烈腐蚀性，在日本被列为管制品的化学物质。所以到药房购买时，必须说明使用目的，备妥私人印鉴才可以购买。

万一沾到手，要立即用水清洗！

使用碱性溶液时的注意事项

使用碱性溶液时，需特别注意以下几点。

请勿在有儿童在场时使用！

由于碱性溶液看起来像水一样的透明，很容易被小孩子误认为是水。所以，为防万一，有小孩在场时，还是避免使用为佳。

一定要先在工作台上铺上一层厚的塑胶垫！

如果碱性溶液溅到工作台上，就会变色成像烧焦了的黑色。所以，一定要先铺上厚的塑胶垫喔！

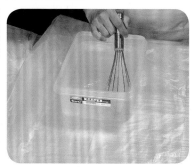

必须戴上手套来保护双手！

如果沾到手或手指上，皮肤就可能会灼伤，所以，一定要先戴上手套，保护好自己的双手，再使用！

使用前，一定要先留意周遭的环境！

制作布雷结时所使用的碱性溶液，是用化学名称为氢氧化纳的物质调制而成的，在德国则统称为Laugen液。由于氢氧化纳是一种被列为管制腐蚀性的化学物质，所以，在日本只能到药房购买。而且，法律上规定的使用量为1L的水只能用30g以下的量来混合。

布雷结面团用碱性溶液浸过后，之所以会产生独特的颜色与味道，就是因为附着在面团上的氢氧

化纳在烤焙过程中产生了化学变化，变成了中性盐之故。布雷结的表面会带点碱味，也是这个原因。

制作布雷结时，绝对不能缺少碱性溶液。然而，使用时一定要特别小心！工作台上要先铺上厚塑胶垫，戴上橡胶手套后再进行作业。而且，为防万一，有小孩在场时，还是避免使用吧。

第六章
天然酵母面包

挑战制作天然酵母面包!

天然酵母面包,是利用大量存在于自然界的酵母或菌类制成的面包。
虽然做起来很耗时,它所散发出的天然酵母才有的风味与香气,
可是市售的酵母无法做出来的!

凝聚了自然界所有菌类的天然酵母面包,是什么样的面包呢?

所谓的天然酵母面包,就是不使用市售的酵母,而采用天然的酵母烤焙成的面包。市售的酵母菌是从各种菌类里挑选出最适合用来制作面包的,以纯粹培养的方式而制成的。天然酵母则是由附着在谷物、蔬菜、水果上,非特定而为数众多的酵母菌或细菌自然培养而成的。

自己制作天然酵母面包时,主要是用葡萄干或黑麦粉来制作天然酵母。用黑麦粉制成的酸种做法简单,只要用水混合即可,而且状态比较容易掌握。正因为发酵种最适合用来与黑麦粉做搭配,所以,书中所介绍的天然酵母面包的食谱,使用的也全部都是黑麦粉。

虽然制作天然酵母很费时,从开始制作到可以用来揉和面团,大约需要一周的时间,稍有点难度,但是,使用天然酵母所制成的面包,却有着用市售酵母菌所制成的面包所无法相比的香气与风味。建议您不妨马上就试试看吧!

先试试酸种吧!

酸种,是在5天的时间里,不断地补上发酵种发酵所制成的。冬季时,可能会发生即使过了5天,发酵种还是没完成的情况,此时,就再重复一次补上发酵种发酵的过程吧!

第1天 / 完成的发酵种

准备黑麦粉125g与水125ml,放进搅拌盆里,用木勺混合到整体的硬度均匀为止。然后,用保鲜膜覆盖在搅拌盆上,放置在20℃~25℃的场所24小时。因为要利用散布在空气中的菌类来制作,所以,请用竹签等在保鲜膜上打洞。

第2天 / 完成的发酵种

准备好第1天所完成的发酵种13g、新的黑麦粉与水各125g。丢弃其他剩余的第1天完成的发酵种。将材料放进搅拌盆里,用木勺混合到整体的硬度均匀为止。然后,与第1天相同,在保鲜膜上打洞,放置在20℃~25℃的场所24小时。

市售酵母菌与天然酵母菌的不同

市售酵母菌，是纯粹培养某种特定的菌种而成的。换句话说，就是浓缩了大量由单种菌类所复制成的菌类而成的酵母菌。

天然酵母菌，是用葡萄干或黑麦粉作为培养用的养分，聚集飞散在空气中的酵母菌或乳酸等非特定而为数众多的菌类来作为发酵种。用天然酵母菌所制成的面包，出炉后，会散发出多种香味。

方便好用的日本HOSHINO天然酵母到底是什么？

制作天然酵母时，无论是酸种或葡萄干种，都需要约1周的时间来完成，很耗时。然而，只要使用市售的天然酵母，就可以轻易地将面包做好了。市面上最普遍的，就是HOSHINO天然酵母。它是用附着在谷物上的有用菌种，自然培养而成。使用时，只要用温水浸泡约30小时即可，用法非常简单。

它的产品，从多用途的天然酵母，到法式面包、点心面包专用的天然酵母等，种类非常丰富。在日本，到糕点材料店即可买到。

第3～4天

第3天与第2天相同，准备好第2天所完成发酵种13g、新的黑麦粉与水各125g，用木勺混合。然后，覆盖上保鲜膜，用竹签打洞，放置在20℃～25℃的场所24小时。第4天也是利用第3天做好的发酵种，用与第2天相同的方式，继续发酵种的制程。

第5天：制作最后发酵种

第5天所完成的发酵种，称之为初种，可以用来制作最后用来揉和面团的发酵种。如果第5天所完成的初种发酵得还不够完全，就以相同的材料分量，再重复一次前日的作业吧！若是已发酵好了，就将第5天完成的初种20g、黑麦粉200g、水160ml放进搅拌盆里混合，揉和2～3分钟。然后，将面团放进搅拌盆里，放置在20℃～25℃的场所15～20小时。

揉和面团用的发酵种，终于完成了！

第6天，最后发酵种终于完成了。如果发酵种看起来像图片一样，就是完成了。要是还没好，就再多做1天吧！

※没有用来揉和面团，剩下的最后发酵种，可以当做初种来再次利用。万一揉和面团时失败了，就可以在当天之内，利用剩余的完成发酵种，再重复1次制程，第二天就可以用来制作烤焙面包了。

日本HOSHINO天然酵母的用法

用法与市售酵母菌一样简便的天然酵母

如果想要轻易地做出天然酵母面包，建议您可以使用市售的天然酵母。市售的酵母菌，是用自然界的菌种里最适合用来制作面包的菌类，以工业化的方式纯粹培养而成的。所以，这样的酵母菌里，只有一种酵母。然而，天然酵母，是利用自然界里存在的非特定菌种自然培养而成的，所以，除了面包酵母之外，还含有各种不同菌种。

市售的天然酵母，是用附着在谷物或水果上的菌类，以谷物或水果来培养，再干燥而成的。HOSHINO天然酵母，就是应用了酿造技术所做成的面包发酵种。它就是使用了附着在谷物上的酵母菌、乳酸菌，与国产小麦、米、曲、水一起培养而成的。使用时，要先用温水浸泡，做成培养液后，再加入粉类里。

天然发酵种的做法

1
将HOSHINO天然酵母2倍量的温水放进容器里。水温最好约30℃。然后，用搅拌器边搅拌，边加入HOSHINO天然酵母混合。

2
混合好后，盖上盖子，放置在温度25℃～28℃的地方约30小时，让它熟成。

3
过了12小时后，就会冒出很大气泡。30小时后，尝尝看，如果觉得带点苦味，就表示酵母已经培育好了。

4
将这个培养液拿来制作面包。做好的培养液，可以放进约4℃的冰箱里，保存约4周。

还有便利的发酵器可以用喔！

市面上也有售HOSHINO天然酵母专用的容器、自动发酵器。虽然没有这些器具也可以制作出天然酵母，但是，有兴趣的人，还是可以试用一下。

Flockenbrot

芙罗肯布洛特

这是一种用滚压麦片与黑麦片做成的天然酵母面包。

芙罗肯布洛特

材料

（约1个的分量）

最后发酵种的材料请参考第184～185页

面团的材料

Ⓐ
- 法式面包专用粉（乌越制粉）·············· 200g
- 黑麦粉 ················· 100g
- 小麦全麦粉 ············· 50g
- 黑麦全麦粉 ············· 50g
- 食盐 ··················· 8g
- 脱脂奶粉 ··············· 10g

最后发酵种······180g（不用全部使用）

新鲜酵母························7g

水····························250ml

燕麦片（Oatmeal）或滚压黑麦片(Rolled Rye)（最后装饰用）··· 适量

面包制程数据表

制法	酸种法
面筋的网状结构	不用
揉和时间	约2分钟（最后发酵种）、约7分钟（面团）
发酵	温度20℃～25℃发酵15～20小时（最后发酵种）、温度28℃～30℃发酵约5分钟（面团）
中间发酵	无
最后发酵	温度约35℃发酵约50分钟
烤焙	温度约250℃烤焙约20分钟、温度约220℃烤焙约30分钟

所需时间

最后发酵种 15～20小时

当日 2小时30分

难易度

★★★

最后发酵种的做法

1 将黑麦全麦粉、水放进同一个搅拌盆里，混合到整体的硬度均匀后，覆盖上保鲜膜，用竹签打洞，静置24小时。

2 将10%的步骤**1**的发酵种、黑麦粉、水放进搅拌盆里，用木勺混合。混合到有黏性后，与步骤**1**相同，静置24小时。

3 将步骤**2**的发酵种、新的黑麦粉、水，放进搅拌盆里混合，用与步骤**1**相同的方式，发酵24小时。

4 将步骤**3**的发酵种、新的黑麦粉、水放进搅拌盆里混合，覆盖上保鲜膜，用竹签打洞，静置24小时。

5 第5天，制作用来揉和面团的最后发酵种。将黑麦粉、水加入第5天的发酵种里混合，静置15～20小时就完成了。

01 将新鲜酵母加入水里，用搅拌器充分混合。

02 将Ⓐ的材料放进其他的搅拌盆里，再加入01的酵母液、最后发酵种。

03 在搅拌盆里，用手混合到没有多余的水分为止。

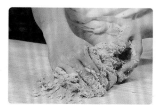

04 等到可以整合成团时，就放到工作台上，像画圆般轻轻地揉和。

05 揉和到面团不全粘在工作台上，像图片中般可以整合成团时，静置5分钟。

06 在工作台上，用推压的方式揉和到表面膨胀，变得光滑。

07 揉和时，要先推压面团，转90°，再推压，重复这样的动作，以这样的方式揉和。

08 开始塑形。先将面团的收口处朝上，再用手轻轻压成椭圆形。

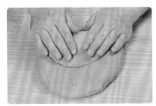

09 将面团的下端1/3往上折。

10 再将面团的上端 1/3往下折，做成棒状。

11 用手指将面团折起的边缘捏紧，封好，以防松脱。

12 用蘸了水的海绵或湿布，将面团收口那一面与平滑的背面蘸湿。请小心，不要用力压，以免面团变形。

13 将燕麦片或碎黑麦片放进托盘里，蘸满用水蘸湿的那两面。

14 将面团蘸满麦片当做正面的那面朝上，放进已涂抹了油脂类的吐司模里进行最后发酵。

15 发酵完成后喷水，用250℃的烤箱烤焙约20分钟后，再将温度降至220℃ 烤焙约30分钟。

Column 专栏

芙罗肯布洛特（Flockenbrot），是什么样的面包呢？

德文的"Flocken"，就是滚压麦片之意。这种面包正如其名，它的表面就不能缺少滚压麦片的装饰。传统的做法，是将滚压黑麦片（英Rolled Rye）混合在面团里。不过，用容易买到的燕麦片（英Oatmeal）来装饰面包的上面，也很能增添风味喔！

先用水将表面蘸湿。

滚压黑麦片独特的香味，魅力无穷！

Q&A

Q 为什么这种面包不用特别经过长时间的发酵呢？

A 这是因为这种面包是使用了由天然酵母经过数日完成的最后发酵种所制成的。因此，即使是在作业的过程中，发酵种也还在面团内进行发酵，所以，就不用再另外多花时间让它发酵了。

黏性极高的最后发酵种。

为何用天然酵母制成的面包味道会偏酸?

天然酵母的特征,就是它那独特的味道。这样的味道,到底是怎么来的呢?

天然酵母,是由多种不同的菌种而组成的。

干燥水果

就是分离出附着在干燥水果皮上的菌类,利用这些菌类在分解果实里所含的糖分时,所产生的酒精发酵来制作面包。最有名的就是用葡萄干做成的发酵种。

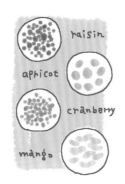

市售的酵母

这是用适合用来制作面包的菌类,纯粹培养而成的。虽然用起来很方便,出炉后的面包却容易变得形状歪斜。

黑麦粉

黑麦粉里存在着有用菌种。所以,混合黑麦粉与水,就可以培养出黑麦粉的天然酵母了。首先,要先制作初种,再用完成的发酵种与黑麦粉混合,并重复几次这样的过程,才算制作完成。

天然酵母

这是用存在于自然界里的多种菌类所培养而成的。出炉后的面包,因为菌的种类繁多,味道也较为丰富。

天然酵母,是由非特定的多数菌种所培养而成的。

天然酵母面包,吃起来会感觉到有点酸味。这是因为发酵种里含有各种不同的菌类。由于天然酵母是用水果或谷物自然培养而成,存在里面的各种菌类在发酵后开始繁殖,就会产生乳酸或醋酸等副产品。这就是为什么天然酵母面包尝起来带点酸味而且味道较为复杂的原因。

既然市售的酵母菌同样也是用活菌培养而成的,那么为什么做好的面包,并不会像天然酵母面包的味道那么有特色呢? 那是因为市售的酵母菌,是从生存在大自然的菌类中,选出适合用来制作面包的特定单一菌种纯粹培养而成的。然而,天然酵母则如前所述,是用各种菌类自然培养而成的,也正因如此,做出来的面包,味道就会较为复杂特殊了。

Joghurtbrot

优格布洛特

这是一种将优格的酸味调配得恰到好处的乡村面包！

优格布洛特

材料

（约2个的分量）
最后发酵种的材料请参考第
184～185页
面团的材料
法式面包专用粉（乌越制粉）
...............................350g
黑麦粉................70g
食盐...................9g
最后发酵种...............
............144g(不用全部使用)
优格..................75g
水..................210ml
新鲜酵母...............8g

面包制程数据表

制法	酸种法
面筋的网状结构	不用
揉和时间	约2分钟（最后发酵种）、约7分钟（面团）
发酵	温度20℃～25℃发酵15~20小时（最后发酵种）、温度28℃~30℃发酵约15分钟（面团）
中间发酵	无
最后发酵	温度约35℃发酵约60分钟
烤焙	温度约250℃烤焙约20分钟、温度约220℃烤焙约25分钟

所需时间
最后发酵种 15～20小时
当日 2小时30分
难易度
★★★

最后发酵种的做法

1 将黑麦全麦粉、水放进同一个搅拌盆里，混合到整体的硬度均匀后覆盖上保鲜膜，用竹签打洞，静置24小时。

2 将10%的步骤**1**的发酵种、黑麦粉、水，放进搅拌盆里，用木勺混合。混合到有黏性后，与步骤**1**相同，静置24小时。

3 将步骤**2**的发酵种、新的黑麦粉、水放进搅拌盆里混合，用与步骤**1**相同的方式，发酵24小时。

4 将步骤**3**的发酵种、新的黑麦粉、水放进搅拌盆里混合，覆盖上保鲜膜，用竹签打洞，静置24小时。

5 第5天，制作可以用来揉和面团的最后发酵种。将黑麦粉、水加入第5天的发酵种里混合后，静置15～20小时就完成了。

01 先将法式面包专用粉、黑麦粉、食盐、最后发酵种、优格放进搅拌盆里，再加入已用水溶解的新鲜酵母。

02 用手在搅拌盆里混合到没有多余的水分为止。

03 混合到可以整合成团后，放到工作台上，用拉扯的方式混合到硬度均匀为止。

04 用手一边像画圆般地揉和，一边用刮板整合，揉和到硬度均匀像图片中般的面团时就可以继续下一个步骤。

05 让面团静置工作台上约15分钟，然后分割成2等份。

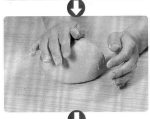

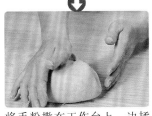

06 将手粉撒在工作台上，边揉和，边滚圆。先用手掌以推压的方式揉和，再用两手转动面团滚圆。如果做起来很困难，可以将面团对折，转90°，再对折，以这样的方式，重复2~3次，就可以顺利地滚圆了。

09 用茶滤网将法式面包专用粉大量地撒在长方形的发酵藤模里。粉容易脱落，请特别小心。

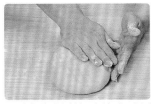

10 用手掌将滚圆的面团轻轻地压平。

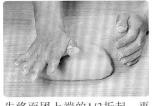

11 先将面团上端的1/3折起，再将下端的1/3折起。

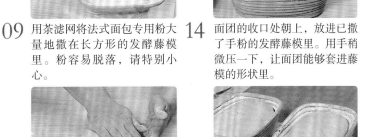

14 面团的收口处朝上，放进已撒了手粉的发酵藤模里。用手稍微压一下，让面团能够套进藤模的形状里。

15 用塑胶袋覆盖，以防干燥，进行最后发酵。覆盖时，要留点空间，不要让塑胶袋粘贴在面团上。

16 最后发酵完成后，倒扣在铺了烤盘纸的工作台上，取出。

07 将面团往靠自己的方向滚，进行塑形。

12 再对折。然后，用手掌将面团折起的边缘用力压紧。

17 纵向划上1道割纹。进行时，动作要迅速，以免粉脱落或面团表面皱起来。

08 用手指将面团背面的封口处捏紧，让它看起来不会太明显。

13 用手指将面团折起的边缘捏紧，封好，以防松脱。

18 面团和烤盘纸移到烤盘上，表面用水喷湿，放进250℃的烤箱烤约20分钟后，降至220℃继续烤约25分钟。

酸种的保存方法

好不容易才做好的初种，如果用剩了，就只能丢弃吗?

室温

20℃左右的室温
可保存1天。

冷藏

5℃左右
可保存2~3天

冷冻

−20℃以下
可保存约1个月

使用时

如果是20℃左右的室温，约可保存1天。此外，可以加入粉混合，让发酵种变硬，成为干松状后，再让它自然风干。这样做，就可以在常温下，保存半年~1年。使用时，加入水，混合成糊状即可。

使用时

以5℃左右的温度冷藏，可保存2~3天。冷藏的初种相同，菌的活性会变弱，所以，必须再重复发酵过1次，才能作为初种使用。需要注意的是，有时即使让它再发酵1天，也不一定能够成为最后发酵种喔!

使用时

让它水分减少，变成干松状后，在−20℃以下可冷冻保存约1个月。使用时，先以常温来自然解冻。然后，加入新的黑麦粉与水，让它再度发酵后，就可以拿来用了。

保存最后发酵种，留待下一次使用。

天然酵母的种类很多，但是，制作黑麦粉类的面包时，最适用的就是酸种。然而，用酸种来制作天然酵母面包时，光是做好最后发酵种，就需要约1周的时间。最后发酵种由于是不断地重复发酵而制成的，所以，分量会变得很多，可是最后却只需要其中一部分来揉和面团。其实，剩余的最后发酵种，是可以妥善保存，再善加利用的。

保存的方式很多，有冷冻法和冷藏法等。不过，像菌类这样的微生物，活力会依温度的高低而不同，保存时，就要特别注意温度的变化。

此外，再度使用时，要先重复一次发酵的过程，才能拿来用。还有，经过冷冻或冷藏的方式保存的发酵种，有时即使再发酵一次，也无法在一天之内完成。此时，就要再重复一次发酵的过程。这样做，就可以增强发酵种的活力，让最后发酵种的繁殖力变得更稳定。

Zwiebelbrot

滋贝尔布洛特

这种面包带着干燥洋葱的浓郁香味，让人爱不释手！

优格布洛特

材料

（约2个的分量）
最后发酵种的材料请参考
第184～185页
面团的材料
法式面包专用粉（乌越制粉）
·······················250g
黑麦粉·······················120g
小麦全麦粉·······················50g
食盐·······················9g
最后发酵种······144g（不用全部
使用）
水·······················275ml
新鲜酵母·······················8g
干燥洋葱·······················60g

面包制程数据表

制法	酸种法
面筋的网状结构	不用
揉和时间	约2分钟（最后发酵种）、约7分钟（面团）
发酵	温度20℃～25℃发酵15～20小时（最后发酵种）、常温发酵约15分钟（面团）
中间发酵	无
最后发酵	温度约35℃发酵约50分钟
烤焙	温度约250℃烤焙约20分钟、温度约220℃烤焙约30分钟

所需时间
最后发酵种 **15～20小时**
当日 **2小时30分**

难易度
★★★

最后发酵种的做法

1
将黑麦全麦粉、水放进同一个搅拌盆里，混合到整体的硬度均匀后，覆盖上保鲜膜，用竹签打洞，静置24小时。

2
将10%的步骤**1**的发酵种、黑麦粉、水放进搅拌盆里，用木勺混合。混合到有黏性后，与步骤**1**相同，静置24小时。

3
将步骤**2**的发酵种、新的黑麦粉、水放进搅拌盆里混合，用与步骤**1**相同的方式发酵24小时。

4
将步骤**3**的发酵种、新的黑麦粉、水放进搅拌盆里混合，覆盖上保鲜膜，用竹签打洞，静置24小时。

5
第5天，制作用来揉和面团的最后发酵种。将黑麦粉、水加入第5天的发酵种里混合，静置15～20小时就完成了。

01 将水放进搅拌盆里，加入新鲜酵母，用搅拌器充分混合。

02 先将法式面包专用粉、黑麦粉、小麦全麦粉、食盐放进搅拌盆里，再加入最后发酵种。

03 将步骤01的材料倒入步骤02里，用手在搅拌盆里混合到没有多余的水分为止。

04 等到可以整合成团后，就放到工作台上，用拉扯般的方式混合到硬度均匀为止。

05 用手边画圆边揉和。等到可以整合成团后，将干燥洋葱放在面团上。

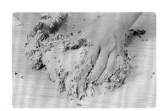

06 用与步骤05相同的方式，边画圆，边揉和混合面团与干燥洋葱。

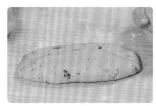

11 将面团的上端1/3折起，下端1/3折起，再对折。

16 最后发酵完成后，用木板等做辅助，小心地将面团移到铺在工作台上的烤盘纸上。

07 混合到面团的表面像图片中般光滑，发酵约15分钟。

12 用手指将面团折起的边缘捏紧，做成饺子的形状。

17 用割纹刀在面团表面斜划2道。黑麦面团割纹不容易打开，必须划得深一点。

08 用切面刀将面团分割成2等份。

13 先用两手将面团整理成棒状，再用两手滚动面团整理成两端较细的形状。

18 将步骤17的面团整个移到已预热好的烤盘上，用水在面团表面喷湿，放进约250℃的烤箱，烤焙约20分钟后，将温度调降成约220℃，继续烤焙约30分钟。

Q&A

Q 为什么面团很粘手呢？

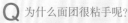

A 用黑麦酵母制作面包，特征就是面团会很黏。但是，千万不要因此而撒上手粉等，因为在揉和后，就会逐渐整合成团了。

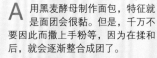

09 将面团滚圆。先用手掌以推压的方式揉和，再用两手包裹面团滚圆，重复这样的动作。

14 将布铺在烤盘上做成凹凸的山形，将面团放在山与山之间。发酵完成后，面团会膨胀，请先预留约2指缝隙。

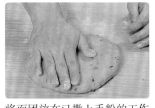

10 将面团放在已撒上手粉的工作台上，进行塑形。先用手掌将面团压平。

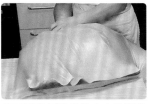

15 将面团连同烤盘装入大的塑胶袋里，开口封好，进行最后发酵。

面团很粘手，是因为黑麦的特性所致。

面包小常识
制作面包时的便利器具

以下，将为您介绍制作面包时，用起来既方便又能为您省时省力的器具。

家用面包机

具有酵母自动投入功能，方便省事！

附有酵母、葡萄干、坚果等的自动投入专用口。可以制作天然酵母面包。●0.5Kg型自动家用面包机（SD－BT113）开放价格/National

功能齐全，即便没有经验，也可以用得很安心喔！

可以烤焙3种不同面团的吐司、果酱或天然酵母面包，功能强大。自动家用面包机面包俱乐部（BB－HA10）31500日元（约人民币2363元）/象印

其他的便利商品

可以将吐司切成均等的厚度

可用厚度调节板，薄片或厚片吐司。调节吐司切片器（SCG1）1050日元（约人民币59元）/SKATER

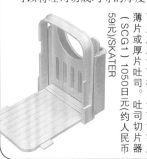

可以让面团不粘黏的垫子

不用撒上手粉，面团也不会粘黏的垫子。MIRCLE Cooking Mat 1980日元（约人民币149元）Yubi System

美国发明的料理用油

喷雾式油。可以用来将油喷在吐司模或搅拌器里。PAM Cooking Spray 1950日元（约人民币146元）/USC

这些产品，只要有一样在手，就可以方便地做好面包了！

如果您觉得自己的厨房太狭窄，没有足够的空间用来揉和面团，或身为初学者对面包制作还很缺乏信心，建议您不妨利用家用面包机来制作面团。最近市面上主要销售的家用面包机，除了可以用来制作面团，还可以制作吐司或丹麦面包，也可以制作果酱和意大利面，功能非常多。像是卷类面包或丹麦面包等单个的小面包，从揉和到发酵完成后，只要再自行塑形烤焙，就做成了，非常简单。

除了家用面包机之外，还有很多其他产品，可以使面包制作变得更加地顺利。许多贴心而设想周到的便利商品或创意商品都可以在糕点材料用品店或杂货店里购买到。您不妨根据自己的需求，将器具买齐吧！

第七章
圣诞面包

德式圣诞水果面包
Christ stollen

材料

（约1个的分量）

发酵种的材料

Ⓐ
- 法式面包专用粉（乌越制粉）
  ·················· 25g
- 新鲜酵母 ·········· 10g
- 牛奶 ············· 25g

面团的材料

罗玛斯棒（杏仁含量较高的
Marzipan）·········· 15g

黄油·················· 60g

Ⓑ
- 砂糖 ·············· 18g
- 蛋黄 ·············· 1个
- 香草精 ············ 适量
- 橘子果酱 ··········· 3g

Ⓒ
- 法式面包专用粉（乌越制粉）
  ·················· 25g
- 低筋面粉 ·········· 75g
- 食盐 ·············· 2g
- 柠檬表皮 ·········· 1/3个
- 混合香料（豆蔻、小豆蔻
  （Cardamom）、丁香混合而
  成）·············· 1g

与面团混合的材料

所有的材料都要分别用适量的
白兰地、香橙甜酒（法Grand
Marnier）、樱桃甜酒（法cherry
marnier）浸渍

Ⓓ
- 萨尔塔那葡萄干（Saltana
  Raisin）·········· 85g
- 糖渍橙皮 ·········· 25g
- 糖渍柠檬皮 ········ 10g
- 糖渍绿柠檬皮 ······ 10g

Ⓔ
- 杏仁（烤过）······· 12g
- 榛果（烤过）······· 12g

裹入面团的材料

罗玛斯棒（杏仁含量较高的
Marzipan）·········· 70g

最后装饰用材料

香草糖··················200g

发酵黄油（先加热融化）···75g

糖粉 ·················· 适量

面包制程数据表	制法·发酵种法/面筋的网状结构·不用/揉和时间·约2分钟（发酵种）、约5分钟（面团）/发酵·常温发酵约10分钟（面团）、温度28℃～30℃发酵30分钟（发酵种）/中间发酵·无/最后发酵·温度约32℃发酵50～60分钟/烤焙·温度约200℃烤焙约50分钟

01 将Ⓐ混合到完全看不到粉末，再用保鲜膜覆盖，以28℃～30℃发酵约30分钟。

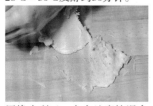

02 用橡皮刮刀一点点地摩擦混合罗玛斯棒与黄油。

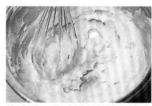

03 将步骤02的材料移到搅拌盆里，加入Ⓑ的材料，用搅拌器混合。

04 将Ⓒ的材料放进另一个搅拌盆里，用刮板混合。

所需时间	难易度
3小时30分	★★★

05　再将Ⓓ和Ⓔ放进另一个搅拌盆里。图中就是揉和面团时所需的4种材料。

06　用步骤04的材料在工作台上围成一圈，把Ⓐ和Ⓑ的材料放在中间，用刮板混合。

07　混合到看不到粉末后用手掌以推压的方式揉和约2分钟。图片中为已揉和好的面团。

08　将Ⓓ加入，与面团揉和混合。混合好后，放在工作台上，进行发酵约10分钟。

09　在工作台上撒上手粉，用手掌将步骤08的面团整理成圆筒状。

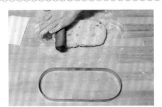

10　用擀面棍将面团擀成约20cm长，可以完全套入圣诞面包模内的长方形。

11　将罗玛斯棒擀成约20cm长的棒状，用面团的下端覆盖。面团折起的边缘，用手指捏紧。

12　将面团上端部分对折，把对折面团的边缘往包裹罗玛斯棒面团的边缘拉，覆盖起来。

13　由于面团质地很软，所以请用擀面棍轻轻地压两端，不要让突起的棒状部分变形了。

14　先将模型放在烤盘上，再把面团放进去，进行最后发酵。不过，没有模型也没关系。

15　用约200℃的烤箱，烤焙约50分钟。出炉后，移到托盘上，涂抹上发酵黄油。

16　用切面刀等器具辅助，小心翻面。由于它的质地很脆弱，翻的时候要动作轻柔才不会裂开。

17　表面涂抹上大量的发酵黄油，让其被完全渗透吸收。这也是制作这种面包的一大诀窍！

18　将香草糖放进托盘里，用来蘸满面包表面。

19　面包表面全蘸满了香草糖，冷却后，再撒上糖粉，就大功告成了！

罂粟子甜面包与干果甜面包

Mohnstollen&Nubstollen

材料

（各1个的分量）

发酵种的材料

Ⓐ
- 法式面包专用粉（乌越制粉）
  ·················· 50g
- 新鲜酵母 ·················· 14g
- 牛奶 ·················· 50g

面团的材料

Ⓑ
- 法式面包专用粉（乌越制粉）
  ·················· 200g
- 食盐 ·················· 3g
- 豆蔻 ·················· 适量
- 小豆蔻（Cardamom）···适量
- 柠檬表皮 ·················· 适量

Ⓒ
- 罗玛斯棒（杏仁含量较高的 Marzipan）·················· 30g
- 黄油 ·················· 100g
- 砂糖 ·················· 25g
- 蛋黄 ·················· 8g
- 蛋 ·················· 20g

Ⓓ 牛奶 ·················· 13g

罂粟奶油馅的材料

黑罂粟子 ·················· 50g
牛奶 ·················· 35g
罗玛斯棒 ·················· 25g
黄油 ·················· 20g

Ⓔ
- 砂糖 ·················· 13g
- 蛋 ·················· 15g
- 玉米粉 ·················· 8g
- 蛋糕屑（Cake Crumb）···15g

干果奶油馅的材料

罗玛斯棒 ·················· 35g
黄油 ·················· 20g
砂糖 ·················· 30g
蛋 ·················· 25g

Ⓕ
- 杏仁粉 ·················· 30g
- 可可粉 ·················· 5g
- 朗姆酒 ·················· 5g
- 蛋糕屑（Cake Crumb）···10g
- 榛果（烤过）·················· 13g

最后装饰用材料

融化黄油 ·················· 适量
细砂糖 ·················· 适量
糖粉 ·················· 适量
杏桃果酱 ·················· 适量
风冻（Fondant，翻糖）···适量

面包制程数据表	制法·发酵种法/面筋的网状结构·不用/揉和时间·约2分钟（发酵种）、约10分钟（面团）/发酵·温度28℃～30℃发酵约30分钟（发酵种）、温度20℃～30℃发酵约20分钟（面团）/中间发酵·无/最后发酵·温度约35℃发酵约40分钟/烤焙·温度约190℃烤焙约50分钟

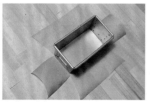

01 准备2个长15cm×宽8cm×高5cm的模型。将烤盘纸裁剪成可以套入模内的大小。

02 将Ⓐ的材料放进搅拌盆时混合，用保鲜膜覆盖，放置在28℃～30℃的场所，进行发酵约30分钟。

03 将Ⓑ、Ⓒ与步骤02的发酵种用刮板充分混合。参考第200页步骤02～03的方式来制作Ⓒ。

04 将Ⓓ的牛奶加入步骤03里混合。混合好后，放到工作台上，用揉搓的方式混合至5分的程度。

所需时间 3小时30分 ·· 难易度 ★★★

05 面团揉和好后，分割成2等份，放置在20℃～30℃的场所，进行发酵约20分钟。

06 制作罂粟奶油馅。将黄油加热到沸腾，倒入搅拌盆里，再加入黑罂粟子浸渍。

07 先将黄油与罗玛斯棒放进另一个搅拌盆里混合，再加入Ⓔ，充分混合。

08 制作干果奶油馅。将黄油、罗玛斯棒、砂糖放进搅拌盆里混合，再加入蛋混合。

09 将Ⓕ的材料加入步骤08里混合。

10 把面团压平成纵向较长的形状，用擀面棍擀成40cm×15cm，涂抹上步骤07的材料。

11 分别将两端卷起，要卷成一样的粗细，卷到末端后，让面团像图中般横躺压紧。

12 放进步骤01的模型里，压紧套入。然后，进行最后发酵。

13 将步骤05的另一个面团擀成纵40cm×横20cm的大小，再把步骤09的材料涂抹上去，面团的上端要留点空间。

14 从上端开始卷起。卷到末端时，用手指将收口处捏紧，以防止松脱。

15 将收口处朝上放，用刀子切入，两端要各留下2～3cm的空间，不要完全切断。

16 用手拨开两侧，从没有切断的部分将面团扭起来。

17 放进另一个模型里，进行最后发酵。然后与步骤12的材料一起用190℃的烤箱，烤约50分钟。

18 罂粟子甜面包出炉后，用黄油涂抹整个表面，放在细砂糖里翻滚，冷却后撒上糖粉。

19 干果甜面包出炉后，用毛刷先将杏桃果酱涂抹在表面，最后再涂抹上风冻。

咕咕霍夫

Kouglof

面包制程数据表	制法•直接法/面筋的网状结构•薄而弱/揉和时间•约30分钟/发酵•温度28℃~30℃发酵约90分钟/中间发酵•约15分钟/最后发酵•温度约32℃发酵60~70分钟/烤焙•温度约190℃烤焙约40分钟 ※使用外径16cm的咕咕霍夫模

材料

（约2个的分量）

Ⓐ	高筋面粉	250g
	砂糖	63g
	食盐	4g
	脱脂奶粉	13g
水		80ml
新鲜酵母……10g(速溶干酵母为4g)		
蛋		75g
蛋黄		20g
黄油		88g
Ⓑ	利口酒（Grand Mamier）	15ml
	萨尔塔那葡萄干（Saltana Raisin）	125g
	糖渍橙皮	13g
	糖渍柠檬皮	13g
杏仁（最后装饰用）		15粒
杏仁薄片（最后装饰用）		适量
糖粉（最后装饰用）		适量

01 准备2个烤模，里面涂抹上黄油。将杏仁放进其中一个里，杏仁薄片放进另一个里。

02 将Ⓐ与已用水溶解的酵母放进另一个搅拌盆里，加入蛋黄、全蛋混合。混合好后，移到工作台上。

03 用推压的方式混合揉和约20分钟，到硬度均匀为止。然后，加入黄油，再度揉和。

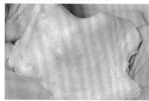

04 揉和约10分钟后，检查面筋的网状结构。如果可以撑开成像图片中般的膜，就可以继续进行下一个步骤。

所需时间	难易度
4小时30分	★★★

05　将⑧放进搅拌盆里混合。先用利口酒浸渍过，风味更佳。混合好后，放在面团上。

12　另一个放了杏仁的烤模，先用水喷湿杏仁再用与步骤11相同的方式，将面团放进去。如此，杏仁就不会在烤焙后从面包上脱落了。

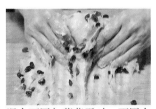

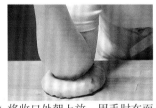

06　混合面团与葡萄干时，面团会很粘手，但不要因此而撒上手粉等，要耐心地继续揉和。

09　将收口处朝上放，用手肘在面团的中央压出一个洞。

13　将烤模排列在烤盘上，进行最后发酵。然后用水喷雾，放进190℃的烤箱烤焙约40分钟。

07　混合均匀后放进搅拌盆里，用保鲜膜覆盖进行发酵。然后，分割成约250g重的小面团。

10　用手指穿透面团中央。边转圈，边塑形成甜甜圈的形状。

14　出炉后，脱模，放在网架上，冷却。

08　将分割好的面团滚圆，放在工作台上，进行中间发酵。中间发酵完成后，用手压平，再次滚圆。

11　将面团放进铺上了杏仁薄片的烤模里，从靠近中心的地方开始，将面团压成一样的高度。

15　在放了杏仁粒的那个上面撒上糖粉。

面包制作用语

酵母菌

是一种真核菌类的微生物，分解粉类和砂糖里所含的糖来作为养分时会产生二氧化碳与酒精及其他的副产物。其中，经过提纯培养后，用来作为制作面包用的面包酵母，就是一般市售的酵母。

折叠

就是在制作可颂或丹麦面包的面团时，将黄油与面团重叠后折叠起来，再重叠，不断地重复这个动作，以这样的方式来做出层次。这样的操作过程，就称之为折叠。

干燥洋葱

切碎的洋葱干燥后，油炸而成。本书中，佛卡夏（意Focaccia）与滋贝尔布洛特（德Zwiebelbrot）等，都用到了这种材料。

割纹

在最后发酵完成后的面团表面切割纹路之意。必须用专用的法国割纹刀来进行。面团划上割纹，既可以让造型变得更加多样化，还可以让面团在烤焙时受热更均匀。

面包的内部与外皮

就是面包的内部质地与外层的皮。两者互相支撑，形成面包的形状。

面筋（Gluten）

小麦与水揉和后，会形成具有黏性的膜，像网状的组织，这就称之为面筋的网状结构。如果没有面筋，就无法做出膨胀的面包。

天然酵母

菌类的一种。存在于自然界中的任何地方，未经工业的提纯培养，而是自然培育而成，就是天然酵母。

2号面团

就是指已用切割模切过后剩下的面团，或塑形后剩下的面团。由于2号面团的风味已不如1号面团，所以，塑形时，最好在形状上做些变化，以与1号面团做区分。

发酵

就是酵母在分解面包面团里所含的糖或淀粉时，释放出二氧化碳、机酸或乙醇等现象。这也是制作面包时最重要的一个过程。

发酵种

主要是用面包材料中部分的粉与水、酵母发酵而成的。在不加入其他材料的状态下，让它发酵一次，酵母就可以顺利地发酵，而在与面团混合时，让面团的发酵状况变得更加顺利。以这样的方式来发酵面团，就称之为发酵种法。

压平排气

将发酵的过程中累积在面团里的二氧化碳压出面团外，然后，再将面团折叠起来，让它恢复成适合发酵的环境，这样的作业就称之为压平

排气。这样做，可以让面包内部的的孔洞变得更细，进而强化面筋的网状结构。

打洞
用手指、叉子或打孔滚筒等在面团的表面上打出孔洞之意。这样做，可以让面团在烤焙时不会整个浮肿起来。

风冻（Fondant，又称翻糖）
这是用砂糖、麦芽糖（或称为水饴）、水等熬煮提炼后结晶而成的物质。常用来作为丹麦面包或甜味卷的最后装饰。使用时，要先用手搓软，混合糖浆稀释，再用隔水加热的方式让它变软。

辅料
就是指除了粉、酵母、食盐、水这些基本材料以外的材料。辅料越多，面包的质地就更为丰富多样。但是，相对地酵母的活力也会变弱。所以，加了辅料的面团，在制作的过程中，必须在作业方式上多下点功夫才行。

面包材料百分比
将各种材料的分量，以粉为100％为基准，来标示成百分比的一种方式。与常见的重量标示法不同。

最后发酵
在日文中称之为HOIRO，汉字则写成焙炉，就是塑形后所进行的发酵，所以称之为最后发酵。所以在日本，用来发酵的机器，有时又被称为HOIRO。最后发酵可以让面包膨胀到最大限度，而让出炉后的面包质地变得松软可口。

玛斯棒（Marzipan）
杏仁粉加上砂糖而制成的杏仁糖般的东西，可以在市面上买得到。其中，有可以直接用来制作面包或糕点的罗玛斯棒（杏仁含量比玛斯棒高）及常被用来制作糖工艺的玛斯棒。

滚压黑麦片
就是将黑麦碾碎压平后所成的碎麦片。制作硬式面包或布洛特（Brot）类的面包时，常用来装饰表面或与面团混合。

版权所有　侵权必究

图书在版编目（ＣＩＰ）数据

经典面包制作大全 /（日）坂本利佳著；书锦缘译
. -- 修订本. -- 北京：中国民族摄影艺术出版社，
2015.8
　　ISBN 978-7-5122-0725-7

　　Ⅰ.①经… Ⅱ.①坂… ②书… Ⅲ.①面包—制作
Ⅳ.①TS213.2

　　中国版本图书馆CIP数据核字(2015)第171725号

TITLE:［イチバン親切なパンの教科書］
BY:［坂本 りか］
Copyright © RIKA SAKAMOTO 2006

Original Japanese language edition published by Shinsei Publishing Co.,Ltd.

All rights reserved. No part of this book may be reproduced in any form without the written

permission of the publisher.

Chinese translation rights arranged with Shinsei Publishing Co.,Ltd.

Tokyo through Nippon Shuppan Hanbai Inc.

本书由日本株式会社新星出版社授权北京书中缘图书有限公司出品并由中国民族
摄影艺术出版社在中国范围内独家出版本书中文简体字版本。
著作权合同登记号：01-2015-5012

策划制作：北京书锦缘咨询有限公司（www.booklink.com.cn）
总 策 划：陈 庆
策 　 划：李 伟
版式设计：柯秀翠

书　　名：经典面包制作大全（修订本）
作　　者：［日］坂本利佳
译　　者：书锦缘
责　　编：连 莲 张 宇
出　　版：中国民族摄影艺术出版社
地　　址：北京东城区和平里北街14号（100013）
发　　行：010-64211754 84250639 64906396
网　　址：http://www.chinamzsy.com
印　　刷：北京瑞禾彩色印刷有限公司
开　　本：1/16　170mm×240mm
印　　张：13
字　　数：109千
版　　次：2016年5月第2版第1次印刷
ISBN 978-7-5122-0725-7
定　　价：48.00元